作者 28 年教育培训经历与智慧结晶

付树信　付　瑶 ◎ 著

活明白

中华工商联合出版社

图书在版编目(CIP)数据

活明白 / 付树信, 付瑶著. -- 北京：中华工商联合出版社，2023.11
ISBN 978-7-5158-3814-4

Ⅰ.①活… Ⅱ.①付… ②付… Ⅲ.①人生哲学－通俗读物 Ⅳ.①B821-49

中国国家版本馆CIP数据核字(2023)第225592号

活明白

作　　者：	付树信　付　瑶
出 品 人：	刘　刚
责任编辑：	胡小英
装帧设计：	金　刚
排版设计：	水京方设计
责任审读：	付德华
责任印制：	陈德松
出版发行：	中华工商联合出版社有限责任公司
印　　刷：	文畅阁印刷有限公司
版　　次：	2024年1月第1版
印　　次：	2024年1月第1次印刷
开　　本：	32开
字　　数：	100千字
印　　张：	7.375
书　　号：	ISBN 978-7-5158-3814-4
定　　价：	58.00元

服务热线：010－58301130－0（前台）
销售热线：010－58302977（网店部）
　　　　　010－58302166（门店部）
　　　　　010－58302837（馆配部、新媒体部）
　　　　　010－58302813（团购部）
地址邮编：北京市西城区西环广场A座
　　　　　19－20层，100044
http://www.chgslcbs.cn
投稿热线：010－58302907（总编室）
投稿邮箱：1621239583@qq.com

工商联版图书
版权所有　侵权必究

凡本社图书出现印装质量问题，请与印务部联系。
联系电话：010－58302915

前言

行为心理学告诉我们,认知决定行为,行为产生结果。任何一个结果的呈现,一定是在此之前,我们做了很多行为,才会导致出现这个结果,而我们为什么会做出这些行为呢?人的行为,受一个被称为思想的支配,所谓思想,就是一个人的信念系统,它包含无数个信念,无数个价值观,无数个规条。而信念来自观念,观念来自我们所接触到的人、事、物。一个人还在娘胎的时候,就已经开始受到外界人、事、物的影响,它通过母亲的情绪和生理反应来传导,出生以后我们所接触的人,生活的环境,经历的事儿,遇到的挫折,受到的教育,遭受的磨难等,让我们对某些事物产生特定的认知,形成了特定的观念,当某类事情经常发生,并产生相似结果的时候，我们就形成了对它的认知信念，所以信念就是坚信不疑的观念。

人生中我们经历的这些事物，有的给我们带来好处，满足了我们想要的，我们就认定它是好的，我们就会愿意去接受它，我们就认定它有价值，无数个这样的认定，就逐渐形成了我们的价值观。

人生成长的过程当中，在跟大自然的相处过程当中，我们认识到了某一些规律的存在，如果违背这些规律，就会受到伤害和损失，慢慢地人们开始遵从于这些规律。比如，春种秋收，日出而作日落而息，寒暑交替，冬去春来，花开花落，等等，再比如，少壮不努力老大徒伤悲，水火无情，多行不义必自毙，善有善报恶有恶报，害人之心不可有，防人之心不可无，等等。这些规律慢慢就形成了我们认知当中的规条。

信念、价值观和规条所组成的，我们称之为信念系统，它在我们的大脑当中形成了一种甄别反应系统，当我们遇到外界刺激的时候，它就会自动发生作用，引发我们对应的情绪，产生相应的反应，做出对应的行动，决定了我们接受什么、拒绝什么，喜欢什么、排斥什么、相信什么、怀疑什么，他们仿佛就是我们大脑当中的无数个底片，所有我们新接触到的事物，都会先经过跟这个底片进行比对，然后决定我们的反应和态度。而且慢慢地也形成了我们的一套推理模式，即使遇到的是从未接触过的事情，也会运用这套推理模式做出相对应的反应。

所以我们现在明白了，所谓没有无缘无故的爱，也没有无缘无故的恨，就是这个道理。人们不会无缘无故说出一句话，做出一件事儿。我们所说的每一句话，做出的每件事儿，都是经过了我们大脑信念系统的识别、比对而做出的反应。当我们无法接受某一结果和行为的时候，我们更应该去了解，产生这些行为的认知底片到底是什么。

只有把这些都搞清楚了，我们才能够更加了解、理解这个世界，才能够基本清楚万事万物的来龙去脉，才不至于迷茫、困惑、无奈、失落，才有可能活得明明白白！

人生中总是有很多人，活得稀里糊涂，浑浑噩噩，甚至他们当中不乏非常努力刻苦付出的人，但他们到最后也是郁郁不得志。

活明白首先是要能活出自我。知道自己是谁？知道自己为什么会来到这个世界上？知道自己到底肩负着一份什么样的使命？知道自己究竟应该如何活着才不枉此生？其次是要能够找到自己的轨道。人找对了轨道，在自己天赋潜能的领域做事情，做起事来事半功倍，做起事来特别有感觉、有状态，能够把自身的能量和智慧淋漓尽致地发挥出来。再其次是去除禁锢自己的心魔，回归良知本我，让灵魂净化。人生为什么会有那么多的问题，障碍，磨难？其实他们都是我们人生中具有特殊意义的组成部分，只因我们的心被蒙尘障蔽，看不清万事万物的本源始末，当我们能明心见性，去除心魔，回归良知本我，我们就会心境澄明，不妄为造作，遵天道而行，践行自己的人生使命。最后就是要懂得享受生命的旅程，欣赏人生沿途的风景！人一旦清晰了自己的使命，明晰了人生的奋斗目标，那么你就可以坦然地面对生命中的一切际遇，他们都是上天特意为你安排来成就你的。在这个过程中，你的灵魂会得到升华和净化，你的人生会充满喜悦和幸福。

本书将帮助你找寻心中的答案，陪伴你走出困惑的泥潭，支持你活出自我，建立自我思维意识体系，不辱使命，让生命呈现出绚烂的光彩，绽放自己，照亮他人。

如果你想成为"活明白"的人，就让我们一起开启人生的探寻之旅吧。

第1章 人生需要活出精彩

1. 活得有尊严 006
2. 活得充实 028
3. 活得有乐趣 031
4. 活得有意义 036
5. 活得有价值 040

第2章 人生需要目标

1. 没有目标就是在帮助别人实现目标 051
2. 没有保障措施的目标和计划基本无法实现 056
3. 目标和使命的关系 058
4. 究竟该如何找到自己的使命感？ 062

第 3 章　人生需要规划

1. 你的思维框架是什么，就决定了你是什么　067
2. 目标清晰明确才有力量　070
3. 要想有钱，先让自己变值钱　078
4. 人生的五大境界　087
5. 十条法则让你的人生顺风顺水　091
6. 戒掉这五个习惯，人生会越来越好　093

第 4 章　人生需要成长

1. 为什么学比学什么更重要　102
2. 知道为什么做比做什么更重要　105
3. 快速学习成长的五个秘诀　107
4. 成长的九大力量　109
5. 我们无法给予他人自己没有的东西　111
6. 解密人性密码（逻辑层次图）　114

第 5 章　人生需要智慧

1. 智慧的定义　121
2. 注意力等于事实　127
3. 处理棘手问题的模式　131
4. 懂得厘清、区分、发问、迁善　136

5. 人生的三个死穴　　　　　　　　　140

第 6 章　人生需要活明白

　　1. 没有观世界哪来世界观　　　　　　148
　　2. 不忘初心，方得始终　　　　　　　151
　　3. 感恩遇见，感恩经历，感恩一切　　154
　　4. 惜福：珍惜所有，活在当下　　　　157
　　5. 但行善事，莫问前程　　　　　　　160
　　6. 致青春：人生无处不青春　　　　　163

第 7 章　360 度经营自己的人生

　　1. 经营好事业　　　　　　　　　　　171
　　2. 经营好家庭　　　　　　　　　　　181
　　3. 经营好社会关系　　　　　　　　　204
　　4. 经营好自己　　　　　　　　　　　213

后记　　　　　　　　　　　　　　　　219

第 1 章 CHAPTER 1

活明白 HUO MINGBAI

人生需要活出精彩

人究竟应该如何活？要怎样才能活出精彩？

人跟动物最大的区别就是人有思想，懂得思考。思考的品质决定生活的品质，思考的品质决定生命的品质。那你有没有思考过以下这些问题呢？

你为什么会来到这个世界？你来到这个世界带着一份怎样的使命？你这一生到底要成为一个怎样的人？过一种怎样的生活？取得一份怎样的人生成就？以及你为了要成为这样的人，过上这样的生活，实现这样的人生使命，你需要把你的人生划分成几个阶段来走？每一个阶段，你要取得的分阶段目标是什么？为了达成这些分阶段的目标，你需要具备什么样的能力、意识、素质、思考模式、行为方式？你要累积什么样的资源？提高什么样的境界？扩展什么样的心胸格局？整合什么样的资源？

如果你已经有一些人生经历，那么你也一定会不同程度地遇到过一些问题。比如为什么我已经很努力了，但还是达不成我想达成的目标？为什么我对人很真诚，但受伤的却总是我？为什么我的资质并不比别人差，却没能取得理想的成就？为什么我一心为别人好，却得不到别人的理解和接受？为什么学的很多东西却感觉没有什么用？为什么人越来越难管？为什么人越来越难相处？为什么生意越来越难做？为什么孩子越大越不听话？为什么孩子越大越不跟自己交流？为什么夫妻间的矛盾难以调和？为什么有那么多人选择了躺平？诸如此类的种种问题，如果找不到答案，得不到解决，人生是很难获得圆满幸福的。也许本书会给你启迪，从而帮你找到答案。

本书如果用一句话来高度概括总结的话，那就是活出自我，找到自己的轨道，去除禁锢自己的心魔，回归良知本我，让灵魂净化，享受生命的旅程，欣赏人生沿途的风景！

人究竟应该怎么活？大家一定是见仁见智。总体来说，在过往28年的教育培训生涯当中，我跟培训学员做过无数次的互动、讨论，最终大家共同认可的、最重要的，集中在五个方面。

第一，活得有尊严。自尊、自爱、自信、自理、自立、自律、自强、有道德观、有上进心、有贡献心。

第二，活得充实。有清晰的目标，珍惜时间，有谈资。

第三，活得有乐趣。积极正向，热爱生活，热爱工作，热爱生命，探索生命，爱好广泛，亲近大自然，并享受这一切。

第四，活得有意义。懂感恩、有职业忠诚、有责任感、有喜欢做的事、不辜负生命、有使命感。

第五，活得有价值。成就事业、回馈社会、报效国家、造福人类，灵魂得以净化。

① 活得有尊严

人究竟应该如何活着才算活得有**尊严**？这是每一个人都应该认真思考的一个命题。我在线下课程每次当我问到学员这个问题的时候，很多同学都非常可爱地指指自己的脸，意思说要活得有面子，那到底什么叫作有面子？懂得生命的意义，活出生命的韵味，实现生命的价值，才算是有面子，活得有尊严才是真的有面子！如果我问你个问题，你有没有尊严，我相信每个人都会说有。我们不否认每个人肯定都有，只是程度不同而已，这与我们的自我认知能力和对世界的认知能力有关，《大学·礼记》说，人要格物致知，诚意正心，修身养性、齐家、治国、平天下。所谓格物致知，就是认识自我，认识这个世界，认识我们跟这个世界之间的关系，然后通过不断的自我修炼提升，明心见性，开悟觉醒，继而齐家、治国、平天下，所以说认识自我非常重要，而人往往很难真正认清自己。你在大脑中对自己的认知，也许这只是你自己的认知罢了，往往会跟外界对你的认知有巨大的差别，接下来当我解读关于尊严的相关内涵的时候，我也会请你跟我一起参与进来做测试，你可以验证一下，你对自我的认知能力到底怎么样，你可以试着给自己的每一个小项目都进行打分，然后把诸多小项的得分相乘所得出来的数，才更接近于你关于尊严的真实分数值，你会看到这其中的落差，这也是你开始更客观真实认识自我，面对自我，获得成长的开始。

单纯笼统地说**尊严**，大家感觉可能并不那么清晰，我们利用构成尊严的一些细小项来给大家做说明，让大家有更具象透彻的理解。

一个有尊严的人一定首先是**自尊**、自爱、自信、自理、自立、自律、自强、有道德观、有上进心、有贡献心，等等。

如果把我们的表征尊严的各个小项用0~1分来进行衡量的话，1分代表满分，0.1分代表最低分，最后把每一个客观打出的分数相乘，就会得出你关于尊严的自我评估的分数值。

第一项　自尊

这代表你过往对自我的认知和评估分，等听我讲解完之后，你可以根据我所讲的再重新给自己打一个分，这代表你现在对自我的认知和评估，它可能更加客观和真实。

为了大家有更多的体验感，先请大家发挥自己的想象力，想象着我们在饭店吃饭，点了很多的饭菜没有吃完，就把它们倒掉了，我们会得出一个结论，那就是我们对粮食不够尊重。

再想想，因为某种机缘我们拥有了稀有木材或木质古董，而我们并不认识，就当作是烧火柴给烧掉了，我们也会得出一个结论，那就是我们对珍宝不够尊重。

通过这两个例子我们把它引申到我们每个人身上，

相信大家一定同意，我们每个人都要比饭菜比稀有木材更加值钱。可是如果这么值钱的你，如果没有把你的能量、才华、智慧释放出来，取得应有的人生成就，活出应有的人生状态，而是随着岁月的增长，把你与生俱来就具有的这些足以成就你精彩人生的智慧和能量，没有得到运用和发挥最终就被埋到了土里或烧成灰，那么我们也可以推论出一个结论：我们对自我不够尊重亦即没有自尊！现代科学研究已经表明，我们每个人生而具足成就自我精彩人生所应该具备的一切智慧和能量，如果我们不能很好地去运用这份智慧和能量，最终我们作为人——这个巨大的财富就会白白地被浪费掉，我们对自我人生这么宝贵的财富都不尊重，又何谈自尊呢？

讲到这儿你可以重新给自己的自尊打一个分数，这个分数会更接近于真实。你也会发现这一次打出的分数，和你之前给自己打出的分数，是有很大差距的。先把这个分数记下来，讲完后面的各个项，把每项相乘，最后就会得出你关于尊严的较客观的评估值。

第二项　自爱

先按照你自己的理解和认知,给自己的自爱也从0～1打一个分数。

如果我问你:你爱你自己吗?我相信答案应该是肯定的,甚至在线下课程的时候,有的同学还会说出佐证自己爱自己的理由,比如每年都体检,比如经常吃营养品,比如经常对自己进行各种养护,特别是很多女性朋友,每天都会做皮肤护理。不可否认大家做的这些也是爱自己的表现,但这只能算是表层的爱,而我想说的爱却是更深层次的一种爱。举个例子吧,当我们人生拥有第一部属于自己的汽车的时候,我相信你一定是爱它的,表现在哪儿呢?首先在购买的时候你会做精心挑选,反复进行性价比的比对,买了以后你会精心地对车内、车外进行装饰、装修,每天要把它擦拭得一尘不染,如果谁不小心给你磕碰了一下,你还会特别心疼,而且还要定期给它进行各种保养。看到这儿我想请各位朋友思考,你说你爱你自己,那你有像爱护车子一样给自己进行保养、升级、充电、加油吗?

我们再举一个例子,我相信现在很多人都使用过手机和电脑，我们可以想象一下，如果我们买了一部新的手机或电脑，把它的一切功能全部都调教好，然后就把它关机，3~6个月之后，当我们再开机的时候，你认为它能不能马上使用？答案是不能够马上使用！因为它需要先进行内部的各种升级运行，全部升级完毕，运行正常了才能够使用。那我们引申到我们每一个人，请问你的大脑已经有多长时间没有升级？没有养护？没有充电了？特别是在提升自己高品质生命水平方面，人生事业发展成就方面，你已经有多久没有给他充电、加油了？你一年当中，看有关于这方面的书籍有多少本？用于学习这方面的内容花了多少时间？用于获得这方面的成长投入了多少资金？你大脑的这个智慧的宝库当中，有多少必需的资源早已经亏空了，又有多少优秀的资源一直在那儿闲置不用，又有多少没用的垃圾占据着你大脑中大量的空间，你连自己人生最重要的最值钱的大脑宝库，都不去精心管理、养护、升级，那又何谈你自己爱自己呢？

我们爱一个东西，会精心地去了解、养护它，会看它的使用说明书，按照说明书进行使用和保养，这样才能够最大限度地去发挥它的效能，延长它的寿命。那我想请问你，你有看过自己的人体使用说明书吗？也许你会说我又不是一个产品，我来的时候也没附带着使用说明书啊，确实我们每个人都是光溜溜来到这个世界上的，但事实上你也有自己的使用说明书的。只不过这个使用说明书需要你自己去找，自己去发掘，自己去学。

另外自爱还表现为爱惜自己的羽毛——即声誉。也就是我们的一言一行、一举一动要能够赢得别人的赞许，而不是被别人诋毁或轻视。不去说和做有损于自己声誉的事儿。

现在请你客观地再给自己的自爱打一个分数，依然会发现它跟你之前打的分数会有很大的落差。没关系先把它记下来，当你能够清晰这一点的时候，实际上你已经在开始成长了。

第三项　自信

还是按照你自己对自己的认知和了解，给自己的自信0～1分，先打一个分数。

通常在线下课程的时候，当我问到学员你有自信吗？回答基本上就两种：一种有；一种没有。我想请大家思考，你们说自信重不重要？或许有的朋友还没有意识到自信的重要，在此我想很负责任地告诉大家，自信太重要了！一个人可以什么都没有，但绝对不能没有自信！一个没有自信的人，他的能力会受到极大的束缚和限制！本来可以做好的事儿也会因为缺乏自信而搞砸了。自信跟你的出身没有关系，跟你的性别没有关系，跟你的长相没有关系，跟你的成长经历没有关系，跟你的学历没有关系，跟你的家庭背景没有关系，只跟一件事关系最为紧密，那就是你对自我的价值认定！当你认定了天生我材必有用的时候，你就一定会变得更加的自信。在线下课程的时候因为我们是一种互动体验式的培训，会让学员走上台来，进行现场演练，很多学员由于缺乏自信不敢上来，我就教给他们的一个快速提升自信的方法，今天在这里我也把它分享给各位朋友，这个方法非常简单实用。前提是你要先相信这个方法有效，因为相信才有可能，不相信已经没有可能了。这个快速提高自信的方法就是："假装自信"！也许你会觉得就这么简单吗？就这么简单！请你记得，大道至简，这个世界上最有效果的方法，都是特别简单实用的，越复杂的方法，就会越让人难以领会和接受，也就更加难以实施和运用，因此基本上都是没用。如果你说那到底该如何"假装自信"？简单说就是模仿。那就是你可以找到工作中、生活中、人生中那些在某个领域、某个方面特别自信的人，你就模仿他们的表现和状态，像他一样呈现出那种状态，做出相同的选择。只是这种模仿、假装，不是一下，不是一天，而是要一直坚持下去，只要你能够一直这样假装下去，用不了多久你就会发现奇迹诞生了！你就真的自信了！好，现在也请你重新给你自己的自信打一个分数，你也会发现这个分数，应该比你初始的分数高出很多，如果是这样的话说明你有收获了，已经开始成长了，恭喜你！

第四项　自理

自理，顾名思义就是自己照顾自己，自己打理自己。那同样的问题，你有自理能力吗？请给自己的自理能力打一个分数。

我的祖籍——老家是山东，我爷爷那一辈儿闯关东到了东北。山东是孔孟之乡,孔老夫子早就著有"孔门四科","孔门四科"的**第一科讲的是德行**。德者,孝悌忠信礼义廉耻仁爱和平;行就是践行,就是持续照着去做。德行告诉我们做事要先做人,如果做人都做不成功那也不要期望他能够把事情做好。"孔门四科"的**第二科讲的是言语**。言语就是一个人待人接物的能力,一个人不可能生活在真空中,必须要学会跟人打交道,可是如果一个人连最基本的待人接物之道都不懂得,那又如何能够跟他人相处好呢?"孔门四科"的**第三科讲的是政事**。政事讲的是一个人生存和生活的能力,也就是我们常说的自理的能力。康熙年间,贵州巡抚刘荫枢告老回乡后,在家乡修建了一座桥以方便当地百姓,为此他用尽了毕生积蓄。见此,子女十分不解,问他:"您当了一辈子官,修一座桥,用尽家财,不给我们留下一分一毫,就这样置我们于不顾吗?"刘荫枢虽然觉得亏欠了子女,但依旧拿出全部积蓄建好了桥。事后,他对子女说:"我之所以用全部积蓄修桥,就是想要让你们知道,自己的路靠自己走,自己的日子靠自己过。"日后子女们都各自努力,自理自立,成为有用之才。"孔门四科"的**第四科讲的才是文学**。就像我们上学学的各门功课。讲这些只想说明一个问题，就是人必须要具有自理的能力，能够自己照顾好自己的生活，照顾好自己的工作，照顾好自己的人生。

如果一个人搞不清楚自己人生的目标是什么，理不清人生发展的方向是什么，不清晰自己应该是什么样的身份定位，也不清晰这种身份定位应该承担起什么样的责任，创造出什么样的结果，履行自己什么样的义务，那我们就说这个人工作不能自理，生活不能自理，甚至是人生不能自理，一个丧失了自理能力的人又何谈尊严呢？看到这儿也许你的内心情绪会有些激动，甚至会有一些不悦，我请你调整一下自己的情绪状态，用平静的心态去好好问问自己，当我们丧失自理能力，或者是部分丧失自理能力的时候，我们的尊严会不会大大地打一个折扣？敢于面对真实，敢于直面现实，是勇者的选择，因为只有敢于面对才有可能实现突破和改变，而不敢面对甚至想办法遮掩、逃避，只会让结果变得越来越糟糕。好，平复一下自己的心情，给自己的自理能力打一个客观的分数。

第五项　自立

你的自立能力怎么样？先给自己的自立能力打一个分数吧。

自立就是自我独立的能力。自立在孩子阶段表现为自己的独立性，可以自己独处，可以自己独立完成自己所要做的一切事情，不过多依赖家长和大人们进入学生阶段，表现为自己能够独立完成学业，不需要牵涉家长过多的精力，有自己的独立见解和思考，懂得选择自己喜欢和擅长的领域，懂得选择自己心仪的学校和专业，懂得结交良师益友。而到了工作阶段，表现为经济独立，能够自己养活自己，有能力在社会上立足，在专业上能够独树一帜，有能力回报家庭和社会。无论哪个阶段自立的人都有一些相同的特性，就是基本上靠自己的力量，来达成自己应该呈现的状态和结果，而不是过多地向外求。能自立的人，其思考能力、动手能力、判断能力、时间管理能力等通常都比较强。自立的人遇事往往向内求，而不是向外求。自立的人往往非常在意别人对自己独立人格的尊重，具有独立的人格特质，具有独特的思维认知。自立的人通常会因为向别人求助或依靠别人而感到内心不安，会认为这是自己的无能，有时甚至会拒绝别人的帮助。正因为如此，所以他们往往会得到别人的尊重，自然也就会赢得属于自己应有的尊严。

请回顾一下你从小长到大的经历，并依据前面的讲述给自己的自立状况重新打分。

第六项　自律

首先还是按照你对自我的认知给自己的自律打分。

自律就是自己约束自己的能力。卡内基的相关理论让我们知道人都喜欢比较随性自由，不愿意受到约束，甚至有时候喜欢随性放纵自己的行为。可是我们大家都知道，每个人毕竟都不是生活在真空里，我们都与他人拥有着共同的生活空间、工作空间，一个人如果没有自律的意识，完全按照自己的好恶来做，不但会把自己的生活弄得一团糟，而且还会打扰、干扰，甚至破坏到他人的生活和工作，甚至有的会触犯到社会团体的规则，以及国家的法律。现实生活中我们很多人的自律状况并不佳，不然就不会有那么多的肥胖者，有那么多沉迷于某种不良喜好和习惯者。一个有自律意识的人懂得控制自己的欲望，懂得约束自己的行为，懂得放纵自己的不良后果，能够承受延时满足。那些无节制购物的人、无节制贪欲美食的人、无节制睡懒觉的人、经常迟到早退犯规的人、一刷起朋友圈就没完没了的人、整日沉迷于肥皂剧的人、要戒烟酒一直戒不了的人、玩游戏上瘾的人、学习成长计划迟迟没有开始的人、设定的目标一再拖延实现的人，等等，都是缺乏自律意识的人，一个缺乏自律意识的人，你受他人尊重的程度已经大打折扣了，换句话说，你的自我尊严也大打折扣了。现在请你再客观公正地给自己的自律也打一个分数吧。

第七项　自强

你先按照自己的理解给自己的自强打一个分数。

自强，通俗的理解就是自己要强，自我强大，自我坚强。表现为有强烈的自尊心，自我不断强大，不甘人后，不允许自己不如别人，有骨气。与自强形成鲜明对比的就是不要强，没脸没皮，缺少骨气，认怂。我们常常说男儿当自强，就是说男人要顶天立地，能够担负起自己应该承担的责任，能够扛得起自己应该扛起的重担，不接受别人的白眼和轻视，励精图治，奋发图强。一个要强的人轻易不会认输，也不允许自己输。举例：士兵练习射击，对于一个要强的士兵而言，打不准他就会一直练下去直到打准为止；对于一个医生而言，某些病看的效果不理想，要强的医生就会不断去修炼、去求教、去实习、去提高，最终把医疗效果提上去；一名要强的销售人员面对自己的不佳业绩，他会更加勤奋、努力，不断向成功者学习，增强自己的行动力，找寻更有效的方法，直至把自己的业绩做好；一个要强的学生，当他某科目学习成绩不佳的时候，他就会投入更多的时间、精力更加刻苦努力地学习，向老师和同学多方求教，最终把自己的科目学习成绩提高；一个要强的团队领导者，当自己所领导的团队缺乏凝聚力、战斗力，他会走进团队，跟每一个人谈心，他会不断地自我学习，突破成长、提高自己的影响力，他会真诚地关心关注每一个下属，用心支持每一个人的成长，最终打造出一支高凝聚力、战斗力的团队，等等。总而言之，要强的人绝对是不甘人后，不希望别人对自己的评价不佳，不允许自己不如别人。自强的人无须扬鞭自奋蹄。现在请你再给自己的自强打一个分数，看看与之前的分数有多大的落差。

第八项　道德观

你先按照自己的理解给自己的道德观打一个分数。

我们常常说人的"三观"要正。"三观"指的是我们的价值观、人生观和世界观。所谓的价值观就是我们对相关事物的价值认定标准所持的观点。是个人发展过程中的价值取向。什么是好的，什么是值得的？而人生观是指人们对生命的认知所持的观点。是对于人类生存的目的、价值和意义的看法。人究竟为什么而活，人应该怎么活？而世界观是指人类在跟自然相处的过程当中，所秉持的对待世界、对待自然的一种看法。表征的是人与自然之间的关系以及人类和平相处之道。是人们对整个世界的总的看法和根本观点。

道德观是在三观的基础之上，人们在道德层面上所持有的观点。认为什么应该做，什么不应该做；什么可以做，什么不可以做。符合观点的叫有道德，不符合观点的叫作不道德。道德观是对积极正向人生的一种指引和约束。一个有道德观的人内心是丰盈的，做事情是有标准和准则的。会有自己做事情的底线。如果是商人，他的道德准则是：君子爱财取之有道、童叟无欺、货真价实、诚实守信。作为公民的道德准则是：国家兴亡匹夫有责、精忠报国。作为家庭的道德观，则是尊老爱幼、母慈子孝。

据《明史》记载，明朝名臣杨博的父亲杨瞻，年轻时曾是淮扬的一名商人，诚实守信，为人忠厚。

有一年，从关中来的一位盐商与杨瞻相识。后因有急事，身边不便携带大量金钱，便将一千金寄放在杨家，请杨瞻代为保管。谁曾想那盐商自离开后数年也不见回来，杨瞻不知如何才好，便在后院开辟了一小块地，将那一千金埋在花盆中，上面种上花卉，同时派人到关中去寻找。几经周转，才找到盐商的家，不料那盐商竟已不在人世了，家中只留有一子。

杨瞻便将那商人之子请到家里来，指着花盆说："这是你父亲生前寄托在我这里的一千金，既然你父亲不在了，现在就交由你，请你带回去吧！"那商人之子简直不敢相信还有这样的人，拒不敢收。杨瞻说："这本就是你家的财物,有什么不能拿的呢?你父亲托付于我,是他对我的信任,我现在将这一千金交付于你,是我对他的交代。"听了杨瞻的话,那商人之子非常感动,于是叩谢了杨瞻,携带那笔金钱回去了。

后来杨瞻生了儿子杨博,中了进士,官至吏部尚书,杨博的儿子杨俊民,也中了进士,官至户部尚书。

杨瞻的事在当地传为佳话,大家都赞扬他自始至终忠人之事,不为钱财所动,不但不苟贪,还千里迢迢寻访其人,并将财物交还遗孤,具有可以托孤寄命的人格操守,而他子孙贤德,世代显贵,也足证天报厚德。

古人历来重视道德修养,所谓"忠信谨慎,此德义之基也;虚无谲诡,此乱道之根也。"孔子为《周易》写的《象传》也说"天行健,君子以自强不息;地势坤,君子以厚德载物",就是说天的运动刚强劲健,君子处世,也应刚毅坚卓,发奋图强,永不停息;大地的气势厚实和顺,君子做人也应增厚美德,容载万物。

一个有道德观念的人,才是一个值得人们尊敬的人,也就是有尊严的人。如果一个人连最基本的道德观念都没有，丧失了自己的道德准则，突破了自己的道德底线，那么他就会被世人所唾弃，自然也就无法获得尊严。一个有道德观的人，有清晰的人生标准和准则。有严格的自律，知道什么可以做，什么不可以做，什么应该做，什么不应该做。即使面对诱惑和胁迫，也不会丧失底线。

一个有道德的老师会坚守致力于不断地传道、授业、解惑。一个有道德的军人，会肩负起保家卫国的神圣职责。一个有道德的医生，会不断践行救死扶伤的神圣使命。一个有道德的商人，会致力于满足客户的需求，繁荣社会的经济为己任。

反之，不精专自己的业务，不履行自己的职责，甚至弄虚作假，敷衍塞责，得过且过，徇私舞弊都是道德观缺失的表现。

看到这儿，请你为自己有道德观，也客观地打一个分数。

第九项　上进心

先按自己的理解，对自己的上进心打一个分数。

一个没有上进心的人，每天混日子，不思进取，虚度时光，一事无成，选择躺平。而一个有上进心的人，无论他的起点有多低，无论他身处在什么样的环境下或面对什么样的艰难困苦。他都不会自甘堕落，自我认输。他会迎难而上，利用和创造一切可以利用的条件。卧薪尝胆、坚持不懈，一步一个脚印，每天进步一点点。坚信只要别人能做到的，我也能做到，别人做不到的我也要做到。他会不断地思考，我还能够怎么做，我还能够主动选择做些什么，能把事情做得更好，并立刻行动，持续不间断地坚持去做。一个有上进心的人从来不为自己的失败找任何的借口。总是谦虚好学，不满足于已经取得的成绩，总是会向内求，反省自己，哪儿做得还不够好。他会不断地为自己树立更高的目标。勤勉努力，坚持到底，直到成功。

看到这儿重新给自己的上进心打一个分数。

第十项　贡献心

还是先按自己的理解，给自己的贡献心打一个分数。

在任何一个组织单元中，总有些人贡献比较大，而有些人贡献比较小，或者是根本就没有贡献。没有贡献的人往往要侵占别人的价值，获得自己的利益。久而久之就会失去自己的尊严，也不会为别人所尊重。而一个有尊严的人，他一定会力求在这个组织中成为贡献者，而且不断地去追求，作出更大的贡献。他们为此要精专自己的业务，努力提升自己的能力，不断扩大自己的格局，不断做出更多的付出和牺牲。他们往往想的不是我能得到什么，而是我能够为别人做些什么。他们通常不会计较自己得到多少，而是常常思考，我的贡献还够不够大。他们往往都是这个组织体系当中的中流砥柱，受到人们的推崇、尊敬和拥戴。当然他们也获得了自己应有的崇高尊严。

那就再为自己的贡献心，客观地打一个分吧。

其实表征尊严的影响因素还有很多。我就不展开为大家赘述了，大家可以依据前面我对每一个小分项的分析，自己去思考分析总结，看看自己在这些层面的具体状况。

该是我们拿出勇气，真实地给自己的尊严打一个分数的时候了。请把前面讲过的各个单项所得的分数相乘，最终所得到的那个数，就是能够更客观地反映你尊严程度的数值。

② 活得充实

活得充实与否有很多方面都能够表现出来，我在此只给大家分享我在线下课程中跟学员互动总结出来的最典型的有三个方面：第一，你是否有清晰明确的目标；第二，你是否懂得珍惜时间；第三，你是否有谈资。

与充实相对应的就是空虚。如果一个人每天活得度日如年，无所事事，茫然不知所措，每天庸庸碌碌地混日子，有的选择躺平，有的还不到50岁好像把自己的人生一眼就望到头了，没有任何的奔头，只是一步步地在消费自己的生命。我们就会知道这个人活得很空虚。

而一个充实的人，他会有清晰明确的人生目标和规划，他清晰地知道自己要在什么样的时间段内达到一个什么样的目标，拿到一个什么样的成果，取得一份什么样的成就；一个充实的人，他会惜时如金，绝不会让自己的生命白白流失掉，他会利用好一切可以利用的时间，让每一分每一秒都发挥出最大的价值，他每天有干不完的事儿，只能从中选择那些最重要、最有含金量、最有价值的事情去做。他深深明白生命是由时间组成的，时间既是金钱也是生命，珍惜时间就是珍惜生命；一个充实的人，他绝不会甘于平庸，他会告诉别人他取得了别人无法取得的成就，克服了别人无法克服的困难，挑战了别人不敢挑战的目标，忍受别人无法忍受的痛苦，做出了令人羡慕的贡献，等等。

我们都知道齐白石老人，他可谓是"生命不息，笔耕不辍"。勤劳是老人家一辈子艺术生活的特点，至老不衰。在齐白石从事绘画的七十余年间，他几乎每天都要作画。据说，齐白石在27岁以后除了两次生重病以及遭受父母之丧，从没有停下过手中的画笔。他的勤奋是持久的，是永恒的，即使到了晚年，齐白石也从不贪睡，每天照例黎明即起，吃过早饭便开始提笔作画，对艺术真可谓是孜孜不倦。

1957年，他逝世这一年的春夏之际，此时的齐白石精神状况以及身体状况都已经大不如前了，但他还是丝毫不服老，依旧顽强地和衰老作斗争，最终完成了他一生中的最后一幅画：花中之王——牡丹。

通过齐白石老先生的事例，我们不难发现：

拥有这种生活状态的人，才能够称得上是一个充实的人，一个活得有劲头、有味道、有特质、不辜负生命、让人敬佩的人。

③ 活得有乐趣

活得有乐趣表现为积极正向，热爱生活，热爱工作，热爱生命，探索生命，爱好广泛，亲近大自然等，并享受这一切。

生命中本来所拥有的各种苦难就够多的了，可是很多人偏偏想不开，偏偏跟自己过不去，他看不到生活的美好，感受不到生命的神奇，感知不到大自然的美妙，反而更多地沉迷在对生活、对生命不佳的感受上。感觉自己是一个受害者，是个无辜者，是个苦命的人。事实上发生在你身上的一切都是你自己吸引来的。

有一本颇有影响力的书叫《秘密》,作者郎达·拜恩在书中阐述了两个特别重要的发现:一个是吸引力定律;另一个是能量守恒定律。

吸引力定律告诉我们,你关注什么,你就会发现什么,你就会受到什么的影响,你就会做出相对应的反应,继而采取相对应的行动,你也就有机会得到什么。你就像是一个磁场,你发出什么样的念波,就会吸引到跟你同频率的信息、人、事、物来到你的身边,你心里想的都将被吸引到你的现实生活中来。我们的每一个念头,每一种情绪,都在创造着我们的未来。如果你担心害怕,你就会把更多的担心和害怕吸引到你的生活里,你今天的想法和感觉正在创造你的未来,你就是创造自己生活的大师,你的作品就是你自己。你把注意力和感觉放在什么样的事物上,你就会把他们吸引到你生活中来,不管他是不是你所期待的,所以现在开始就让自己感觉自己很健康,自己很富有,自己很快乐,被爱包围着。生活中、工作中、人生中充满着美好,充满着美妙,充满着神奇,当你确实有这种感觉的时候,生活会回应你内心的感受并以事实显现出来。

举个最简单的例子：我们难免会遇到下雨天。如果你关注的是雨后整个世界因雨水的冲刷变得清新起来，那么你就会发现，树叶更绿了，花瓣上有了晶莹剔透的水珠，楼下的凉亭也变得干净了。这样的发现使你的心情也变得愉悦起来，你见到邻居会不由得对他微笑、打招呼，邻居也会觉得你友善开朗，并给予你微笑和友好。但是相反，如果你关注的是雨后给生活带来的不便，那么你就会发现道路更加泥泞了，不知死活的蚯蚓总是横在路上，鞋子和裤腿都脏了。这样的发现当然会使你的心情变得糟糕起来，此时邻居走过来，你要么冷漠地走过去，要么也免不了对他发几句牢骚。那么相应的，邻居要么觉得你不够友好，要么觉得你牢骚满腹，不好相处。

显而易见，这两种对"雨"的关注和感受，都会以某种我们可能意识不到的方式影响我们的生活。

而能量守恒定律告诉我们，宇宙的万事万物都是具有能量的，能量是由高向低而流动的，能量越高的人身心状态越好。能量有一个划定的分界线，数值在200以上的被称为正能量，数值在200以下的被称为负能量，数值越大代表能量越高。世间的万事万物都是具有能量的，比如我们看的书、听的音乐、看的电影、接触的人、接触的动物、身处的环境，等等，都具有不同的能量层级，当你跟低能量的事物接触的时候，你的能量就会被它们吸走，你就会感觉越来越无力，越来越没有状态，越来越消极被动，而你跟高能量的人、事、物接触时，你就会源源不断地从他们的身上吸收更多的能量，会让你感受有更好的状态、更强的动力、更喜悦的内心。因此我们明白了，为什么在现实社会当中，我们要多跟积极正向的人接触，要远离那些负面消极的人，因为消极的人会偷走你的梦想，会让你能量降低、意志消沉，而积极正向的人会给你能量，给你动力，给你希望。当你把思维的焦点聚焦在正向的事情上的时候，你就向宇宙发出了正向的念波，你就会把各种美好的事物都吸引到你的身上，而当你思维的焦点放在负面消极的事情上的时候，你也同样向宇宙发出念波，你会把那些负面消极的能量吸引到你的身上，所以我们常听人说人倒霉的时候喝口凉水都塞牙，就是这个道理。你也会听说我今天运气太好了，什么好事儿都被我撞上了，也是这个道理。

至此我相信有智慧的你应该已经明白了，人要学会积极正向，要热爱生活、热爱工作、热爱生命，要不断地去探索生命的奇妙，去领略大自然的美妙，去享受生命所赋予我们的一切，包括敞开胸怀拥抱我们所要经历的一切人、事、物。这些都会让我们向宇宙发出正能量的念波，继而让我们拥有更高品质的生活，赢得我们应有的尊严。

④ 活得有意义

怎么算活得有意义呢？主要表现为，要有使命感，要不辜负生命，要有喜欢做的事儿，要有责任感，要有职业忠诚，要懂得感恩。

生命无比的神奇，值得我们用一生去探寻。事实上，每一个人在来到这个世界上之前，都跟自己签了一份灵魂契约。都是带着一个特殊的使命，而来到这个世界上的。没有一个人是无缘无故来到这个世界上的。这个世界都会因为我们每个人的存在而更加丰富和精彩。那么你的使命到底是什么呢？越能够尽早地找到自己的使命,就越能够激发出生命所蕴藏着的智慧和能量。实现更加精彩的人生。在我看来,真正的使命就是愿意用生命去捍卫的东西。军人的使命,就是保家卫国;医护人员的使命就是救死扶伤;教育工作者的使命就是教书育人,传道授业解惑。每个人都在各自不同的领域,履行着自己的使命和责任。

《战国策·魏策四》中有一篇史传文,叫《唐雎不辱使命》。这篇文章写秦王在"灭韩亡魏"之后,雄视天下,完全视小小的安陵为无物,他甚至不屑以武力相威胁,企图以"易地"的谎言诈取安陵。唐雎奉安陵君之命出使秦国,与秦王展开激烈的唇枪舌剑,终于令秦王折服,唐雎保存了国家,完成了使命。

这里面就有值得我们思考的问题:为什么面对霸道残暴的秦王,唐雎能够不畏生死,据理力争?毫无疑问,使命使然;当秦王以"伏尸百万,血流千里"恐吓时,唐雎又为什么能临危不惧,不惜以命抗争?当然,还是使命使然。

可见,当一个人真正找到了自己的使命,他也就找到了活着的意义，从而最大限度地激发生命所蕴含的能量，成就一段丰富且精彩的人生。

而一个人要想更好地发挥自己的能量和作用，需要找到自己的轨道，需要在自己的天赋潜能领域，发挥更大作用。人类现在已经找到了八大天赋潜能，每个人都或多或少地拥有其中一到几项天赋潜能。一个人要想把某件事情做好，只需要勤奋，努力刻苦，就可以了。如果想要做到卓越，你必须在自己的天赋潜能方面进行充分的发挥，才能事半功倍。而明晰自己的使命，发现自己的天赋潜能，正是人生探索的意义。

尽管上天给我们开了一个不大不小的玩笑，那就是虽然它赋予了我们每个人一个特殊的使命，但他却不告诉我们是什么，而让我们自己去寻找，一旦我们找到了这个使命，从此你的内心就会充满无穷无尽的智慧和力量，你就会更好地绽放出生命的光彩，给这个世界带来更多的价值。它有助于我们把生而具足的能够成就自我精彩人生的那些智慧和能量最大限度地发挥和释放出来，唯有此我们才能不辜负自己的生命，这也是一个对自我生命负责任的人所应有的追求。当你找到了自己的使命，你实际上就找到了自己的轨道，他也是你的天赋所在，而且使命牵引你所做的那件事儿，也一定是你喜欢做的事儿，在你的使命驱使下，在你自己擅长的轨道上，你可以充分地发挥你的天分，把你喜欢的事做好，这会特别有助于把你全部的智慧和能量释放出来，然后毕其一生，忠诚于自己的选择，感恩上天所赋予我们的一切，毕生为其奋斗。

⑤ 活得有价值

活得有价值主要体现在四个方面：成就事业、回馈社会、报效国家、造福人类。

人生而在世，初为人子为人女，再为人夫为人妻，再为人父为人母，我们生于天地之间，我们有责任有义务让我们的父母和家人，因为我们的存在而过上更高品质的生活，我们有责任有义务去回报那些曾经给过我们各种帮助的人，我们有责任有义务让我们生活的这个社会变得越来越好，我们也有责任有义务让我们的国家民族变得越来越好，我们也有责任有义务让整个人类能够因为我们的存在而变得更好。而要做到这一切，我们自己首先要成为一个有用的人，一个有尊严、自强不息的人，一个有使命有追求的人。在践行使命的过程当中，我们就会不断地成就事业，回馈社会，报效国家，造福人类，也会让我们的生命更有意义。

一个懂得如何活着的人，更容易明白活着的意义，无论你是做哪个行业的，你都可以在你做的事情里面找到爱，成为爱，传递爱。

平日里我们很少有人能去想到死亡到底离我们有多远，2020年的这场疫情，似乎让我们感受到了死亡其实离我们很近，这场疫情让我们蒙受重大损失的同时，也给我们上了生动的一课，它是上天给我们人类的一次考试，一次关于人类究竟应该如何与自然和谐相处的考试，一次对生命珍视程度的考试。如果有一天你被告知，你的生命还剩下最后的一段时光，你会有什么样的感受？你最想做什么？你会给自己的人生做一个怎样的评价？

人跟动物最大的区别就是人有思想有智慧，所以我们无论如何都不要放弃思考的权利，思考可以让我们变得更有智慧，思考可以让我们明心见性开悟觉醒，思考可以让我们不再拥有遗憾。

事实上，人百年后的结局大家基本都一样，这是一个不争的事实。一个人要想活明白，要想活得有尊严，不但在我们活着的时候要能够有尊严，在我们百年之后也应该能够有尊严。我时常在想当我们百年之后我们能给这个世界留下些什么？在中华民族悠久的文明史上，我们的列祖列宗为我们贡献了人类文明史上最璀璨的宝贵文化。

从远古众神到近代先贤，无不体现了他们的价值，比如：

伏羲氏创立八卦，始造文字，开启了中华民族的文化之源；

神农氏亲尝百草，发明刀耕火种，击败蚩尤，被奉为中华民族的人文初祖；

周文王勤于政事，重视农业，广罗人才，使"天下三分，其二归周"，创写《周易》，导引了中国古代的文化发展轨迹；

鬼谷子隐于世外，将天下置于棋局，纵横捭阖，以自己的文化和智慧推动着历史的走向；

孔子带领部分弟子周游列国十四年，修订《六经》，以《论语》中的思想影响着中国和世界；

庄子以"道"论事，追求"万物齐一""生命自由"，将老子的思想推向另一个高度；

李白为人豪迈不羁，为文清新飘逸，平生诗词无数，成就了中国浪漫主义诗歌的巅峰；

岳飞精忠报国，死而后已，以其不二的忠心成为人们心目中的民族英雄；

谭嗣同为了心中的理想以身殉国，开创了仁人志士新的救国之路。

……

面对先贤的种种，我们该想的是——

500年后，我们的子孙会看到我们留下的什么？他们会不会瞧不起我们？因此我们要集全民族的力量传承中华文明，呵护民族文脉，不辜负时代赋予我们这一代人的使命和责任！

可是到底究竟要怎么做呢？我们会在下文给大家分享，如何找到自己的使命，如何明晰自己的人生目标和方向。

活明白 CHAPTER 2 第 2 章
HUO MINGBAI

人生需要目标

人究竟应该怎么活着？人最起码应该活得有尊严，应该活得充实，应该活得愉悦，应该活得有意义，应该活得有价值。

在讲到活得有意义时，我们谈到人要找到自己的使命，那么到底该如何找到自己的使命呢？我们会在这一个章节当中给大家介绍找到使命的思考逻辑和思考方向。

在此之前我先问大家一个问题，那就是你有清晰明确的人生目标和规划吗？如果有，它是什么？请你把它写出来。

在线下课程的时候，我经常会向学员问及这样的一个问题，大多数学员的回答都是没有，即使有的学员表示有，实际上也比较模糊。那到底怎么算有清晰明确的人生目标和规划呢？你需要清楚明白地回答我以下这些问题：那就是你为什么会来到这个世界上？你来到这个世界上带着一份什么样特殊的使命？你这一生到底要成为一个什么样的人？过上一种什么样的生活？取得一份什么样的人生成就？以及为了要成为这样的人，过上这样的生活，取得这样的成就，你需要把你的人生划分成几个阶段来走？每一个阶段你要取得的分阶段目标是什么？为了取得这个分阶段的目标，你需要具备什么样的定位、格局、胸怀、思考模式？你需要具备什么样的能力、意识、素质？你需要累积哪些资源？开辟哪些路径？采取什么行动。当你能清晰地回答出这些问题，并且已经按照这些在实施的时候，就说明你真的有清晰明确的人生目标和规划，否则你就不算是真的有。同时我想送给大家一句话，"**有目标有规划的人生叫旅行，没有目标没有规划的人生叫流浪！**"各位朋友不妨问问你自己，你到底有没有清晰明确的目标，如果没有的话你可能就是在流浪。你已经流浪了多久了？你现在多少岁，你就有可能已经流浪了多少年，那你究竟还想流浪多少年呢？有人说我不想流浪了，我也想旅行，那究竟该如何做才能去旅行呢？我送给大家一句话："**美好的人生和事业是规划、设计、经营出来的！**"不可否认任何一个美好的事物都是规划设计经营出来的。大到国家，小到城市企业，再小到家庭个人，都需要规划设计和经营。国家和各省市都有自己的五年规划。每个企事业单位都需要规划设计和经营。每个家庭也需要规划设计和经营。美好的夫妻关系、亲子关系等，都是规划设计经营出来的。

没有目标没有规划的人生就是在随波逐流，走到哪儿算哪儿，成也不知道为什么成，败也不知道为什么败。甚至有些人经历了几次挫败之后，就得出一个结论，说这都是我自己的命。其实这都是我们认知上的误区，事实上，命运掌握在我们自己的手中。

我在给全国很多的大型三级甲等中医院培训的过程中，用这样一个例子让大家明白什么叫使命。大多数的中药材都是植物，而作为中药材的每一棵植物来到这个世界上的使命是什么呢？就是发挥这个植物的中药材的药性，这就是它的使命。一棵植物尚且如此，何况于我们人呢？虽然很多时候我们并不能确定我们的使命到底是什么，但是请相信，每一个人一定都肩负着一个特殊的使命，而且你所肩负的这个使命是任何人所无法替代的。使命需要我们慢慢地去找寻，当在你的人生中有一件事情你愿意拿命去实现，拿命来使的时候，它基本上就是你的使命了。

这个世界上有两类人：一类是有目标的人；一类是没有目标的人。没有目标的人他不清楚的是他正在帮助那些有目标的人实现着目标。

1 没有目标就是在帮助别人实现目标

那么究竟什么是目标？目标跟想法、梦想，又有什么区别？

目标指的是射击、攻击或寻求的对象，也指想要达到的境地或标准。它是你未来的现实，是量化后的梦想！真正的目标必须要符合smart原则。即S——Specific明确、具体（正向意义）；M——Measurable可衡量（量化，有标准）；A——Attainable可接受、可实现（合理，且具有挑战性）；R——Realistic现实可行，关联工作，可证明观察（事实，数据）；T——Time时间限制，有时限。

人为什么要有目标呢？目标的意义和价值是什么呢？

（1）目标使我们看清自己所肩负的责任和使命；

（2）给我们的行为设定明确的方向，让人充分了解自己每一个行为的目的；

（3）使自己知道什么是最重要的事情，有助于合理安排、分配时间；

（4）迫使自己未雨绸缪，把握今天（有紧迫感）；

（5）使自己清晰地评估每一个行为的进展，正面检讨每一个行为的效果；

（6）使人能把重点从工作本身转移到工作结果上来；

（7）使人在没有得到结果之前，就能"看到"结果，从而产生持续的信心、热情和动力。

1952年7月4日清晨，加利福尼亚海岸边起了浓雾。在海岸以西21英里的卡塔林纳岛上，一个43岁的女人准备从太平洋游向加州海岸。这名妇女叫费罗伦丝-查德威克。这一次如果成功了，她就是第一个游过这个卡塔林纳海峡的女性，在此之前，她曾是从英法两边海岸游过英吉利海峡的第一位女性。那天早晨，雾很大，海水冻得她身体发麻，她几乎看不到护送的船。时间一分一秒地过去，千千万万人在电视上看着。有几次，鲨鱼靠近她了，被人开枪吓跑了。而她继续在游。在以往这类渡海游泳中她的最大问题不是疲劳，而是刺骨的水温。15小时之后，她又累又冷。她知道自己不能再游了，就叫人拉她上船。她的母亲和教练在另一条船上。他们都告诉她海岸很近了，叫她不要放弃。但她朝加州海岸望去，除了浓雾什么也没看不到。几十分钟之后，从她出发算起15个小时零55分钟之后，人们把她拉上船。人们拉她上船的地点，离加州海岸只有半英里！后来她说，令她半途而废的不是疲劳，也不是寒冷，而是因为她在浓雾中看不到目标。查德威克小姐一生中就只有这一次没有坚持到底。两个月之后，她成功地游过同一个海峡。她不但是第一位游过卡塔林纳海峡的女性，而且比男子的纪录还快了大约两个钟头。查德威克虽然是个游泳好手，但也需要看见目标，才能鼓足干劲完成她有能力完成的任务。

美国麻省理工学院曾经进行过一项长达25年的调查，调查报告显示。27%的人没有目标。几乎都生活在社会的最底层，他们的生活都过得很不如意，常常失业，靠社会救济，并且常常都在抱怨他人，抱怨社会，抱怨世界的现象。60%的人似乎有目标，但都不清晰。他们几乎都生活在社会的中下层面，他们能安稳地生活与工作，但都没有什么特别的成绩。10%的人有清晰的短期、中期目标。他们大都生活在社会的中上层。他们的共同特点是，那些短期目标不断被达成，生活状态稳步上升，成为各行各业不可或缺的专业人士，如医生、律师、工程师、高级主管，等等。3%的人有清晰明确的长期目标。他们25年来几乎都不曾更改过自己的人生目标。他们都朝着同一个方向不懈地努力，现在，他们几乎都成了社会各界的顶尖人士，他们中不乏白手创业者、行业领袖、社会精英。

目标很重要，但没有计划的目标，等于是镜中月、水中花。

计划就是一个排列优先顺序，规划是实现目标的方式、方法。

我们国家有规划，企业发展有计划。每个人也要依据自己的短、中、长期目标，而制定相对应的支撑计划。

制定计划的关键要具有系统的思考模式。

② 没有保障措施的目标和计划基本无法实现

2008年中国成功举办了奥运会，向全世界展示了中国文化、中国气魄、中国智慧。大家看到了李宁飞天点燃了火炬。记者去询问总导演张艺谋，在开幕式之前，李宁已经升到了空中，保持好了那样一个姿势，所以记者担心地问张艺谋，如果李宁感觉到累了，拿不住那个火炬了怎么办？手臂举不直了怎么办？张艺谋的回答是，我有保障措施。我在他的腋下放了一个肩托，所以无论他能不能举起，他的手臂都无法放下。而他的手跟那个火炬是连成一体的，也就是说即便是他的手无力了，也不会让火炬脱落，而且为了减轻它的重量，还用一根肉眼看不见的钢丝吊着这个火炬。而它所运行的轨迹是用电机带动着一个横臂，即便是没有电了或产生故障了，那么仍然可以利用这个横臂，用人力推也能把它推到预定的地点。由此可见，任何一个目标的达成，不但要有周密的计划，还要有各种预定的保障措施和替代方案，才能确保万无一失。

再比如我们上班要想在设定的时间赶到单位，就必须先做好计划，根据家庭所处的位置提前设好闹钟，几点起床，几点出门，根据那个时间段交通的拥堵状况，决定选择走哪一条路线，乘坐什么样的交通工具，还要把有可能发生的意外考虑进去。如果意外发生，我们将会用什么样的替代方案以确保不迟到，等等。这都是具象的保障措施。所以说有了保障措施，才能够最大可能地实现目标。

③ 目标和使命的关系

使命简单地说,就是终其一生要用生命去捍卫和去实现的目标。使命就是你的存在就是为了要实现这个目标。

使命要达成的目标往往都不是为了自己,而是为了他人,为了社会,为了人类。

孔子是中国历史最伟大的思想家和教育家,是中国文化的标志性人物,是中国人两千年来行为规范的制定者。他的使命就是要弘扬儒家文化。

一个人一旦找到了自己的使命,他的内心当中就会充满无穷无尽的智慧和能量，就会产生永不枯竭向善、向上、向前的力量。

孔子为了实现自己推行儒家思想的使命，带领弟子周游列国十余年，行程数千里，途经十几个国家。在这些国家之间，孔子来回折返，颠沛流离，不断向各国的当政者讲述他的治国之道。在这期间，他受到过轻蔑、冷落，也经常经受寒冷饥饿。即便孔子与其弟子曾经经受了"陈蔡之厄"，已经食不果腹，孔子都没有退缩，仍然坚持把这份"儒家之道"传于天下。这大概就是使命的力量。

你的梦想（使命）跟多少人有关，你就能够拉动多少人的智慧和能量来成就你。你的梦想是跟你个人有关，你就只能运用自己的智慧和能量。你的梦想跟家人有关，你就能够拉动家人的智慧和能量来成就你。如果你的梦想跟一个组织有关，那你就能够拉动整个组织的智慧和能量来成就你。如果你的梦想跟全社会有关，那你就能够拉动全社会人的智慧和能量来成就你。如果你的梦想跟全世界的人都有关系，那你就能够拉动全世界人的智慧和能量来成就你。

也许有人会说，我为什么一定要有目标呢？我为什么一定要有使命感，没有我觉得也挺好的呀。我不想对此做何评价，因为这个世界上本来就没有绝对的对，也没有绝对的错；没有绝对的好，也没有绝对的坏。所谓的对错好坏都是不同的个体，站在各自不同的利益和角度上，对同样一个事物做出了不一样的诠释。那难道没有标准吗？有，唯一的标准就是看，我们保持现在的状态，我们像现在这样想、这样说、这样做，对于我们想要达成的目标和结果有没有效果。如果我们继续保持现在的状态，继续像现在这样这么想、这么说、这么做，对于我们想要达成的目标和结果有效果的话，那我们就继续坚持，如果没有的话，我们就可以重新选择。我们可以坚守的唯一标准，其实我们的至圣先师孔子已经有明确的论述。子曰：君子之于天下也，无适也，无莫也，义之与比。意思是说立身行道之人，什么事能做，什么方法能用，什么方法不能用，如何评断呢？怎么适宜就怎么选！我把它简化成一句方便理解的话，就是：有效果比有道理更重要。道理是对过去事情的思考、归纳、总结和评价，而效果则是聚焦我们现在要达成的结果！道理是在过去某些特定的时间、地点和环境下产生的，到现在可能已经时过境迁，再套用这样的道理，可能已经不足以帮助我们达到我们想要的结果了。而效果让我们聚焦当下和未来，只有坚持效果才能够让我们不受制于过往经验的束缚，才有助于我们找到正确的方向和方式。

④ 究竟该如何找到自己的使命感？

就是要在内心认定自己是为了解决这个社会、这个世界上某一个问题而存在的。每当想到自己的这个身份的时候，就会从内心里产生强烈的自豪感和价值感。每当想到自己这个身份的时候，就会在内心当中产生永不枯竭的力量和智慧。这种力量和智慧可以支撑着自己战胜一切困难，克服一切阻力，抗拒一切诱惑，创造一切奇迹。甚至不惜付出一切代价乃至生命，也要使命必达。

我的一个学生是学医的，然而很不幸，她也是一位重症肌无力患者，这个疾病折磨她长达五年多的时间。刚开始的时候她找到一位广州的老中医给她进行诊治，效果比较好，可是回来以后没过两年就再次复发，而且这一次再用原来的方法已经无效了。疾病的痛苦折磨着她，使她多次寻死，但是都被家人及时看护住了。在万般无奈之下，她结合着中西医的方法，自己给自己进行治疗。正所谓皇天不负苦心人，她居然把自己给治愈了。不仅如此，她还成功总结出了一套有效治疗重症肌无力的治愈方案。现在她已经是医院下设的重症肌无力医院的院长，已经为全国很多病人带去了福音。但她却一直有一个心结打不开，她说我为什么这么倒霉，为什么偏偏让我得上了这个该死的病，把我折磨得这么痛苦，甚至都想去结束自己的生命。结果有一次在我的课堂中，我引导学员们去找寻自己的使命，当她上台分享的时候，她满脸泪花。她说同学们，大家看到我在哭，其实这是喜悦的泪水，因为我最后一个郁结在老师的帮助下打通了。我之前一直无法接受自己得病的这个经历。但是现在我想明白了，我之所以得这个病，是因为上天想让我通过我自己得这个病，了解这个病给人们带来的苦痛和折磨，并且让我找出有效治愈这个病的方案，继而让我去为这些患者解除痛苦，所以我就是为重症肌无力这个病而生的，这就是我的使命。当她找寻到自己的使命的时候，她内心再也没有对抗了，再也没有内耗了，她激发出了更多的智慧和能量，为这个世界上患有这种病的人，去贡献着自己的智慧和技能。

使命大于梦想，而源于梦想。如果你暂时没有找到你的使命也没有关系，你可以继续探寻，继续寻找。你可以试着先确定自己的梦想。每个人都要有梦想，如果人没有梦想，就像鸟儿没有翅膀，注定了你永远无法飞翔。中国历史上，两个半圣人之一的王阳明曾言：志不立，天下无可成之事。他告诉我们说，要早立志，立大志。因为你的志向有多大，你的心胸就有多大，你的舞台也就有多大。同时你必须坚信，每个人都不是无缘无故来到这个世界上的，每个人之所以能够来到这个世界上，一定都带着一份特殊的使命。这个世界都会因为你的存在，而显得更加的与众不同，这个世界都会因为你的存在而显得更加的绚烂多彩。

活 明白 CHAPTER 3 第 3 章
HUO MINGBAI

人生需要规划

① 你的思维框架是什么，就决定了你是什么

美好的人生和事业是规划、设计、经营出来的。

就如同我们要盖房子。你设计的框架是要盖平房，还是要盖一个5层楼，还是要盖一个50层的楼，就决定了你未来需要做什么样的准备？需要储备什么样的物料，需要进行什么样标准的设计，需要组织什么样规模的施工，需要用什么样的认证标准来保障等等。你思维的框架是要成为专业精英、行业翘楚，你就不能故步自封，因循守旧。你思维的框架是要成为卓越的领导者，你就不但要能够领导听你话的人，还要能够驾驭那些不

听你话的人。你心里的框架要成为英明的人,你就要关注顶层设计,你就要懂得布局和设计模式。

我们要成为什么样的人,决定了我们能够成为什么样的人,我们就是我们所相信的我们自己,相信相信的力量。

说一个朋友的公司真实发生的故事。

小王和小李是一同应聘到这家公司的新人,恰巧又被分到同一个部门,前几个月两人同样都做实习生。我们知道,由于实习生对公司各种事情以及工作都不太熟悉,因此实习生一般都会被安排一些比较琐碎的事情,也就是大家所说的"打杂"阶段。

面对同样"打杂"的工作,两个人的态度却不一样。小王虽然没有拒绝过任何工作,但总是不情不愿,嘴里嘟嘟囔囔,认为这些工作对他以后的成长毫无用处。反观小李,却完全不同。每次接到任务,小李都会一丝不苟地去完成,即便没有人吩咐,办公室里的脏活累活他也都是抢着做。最令人想不到的是,小李还总是把"谢谢"挂在嘴边,他认为大家分派给他的杂七杂八的事情都是在给他锻炼的机会，这样他才能什么都体验得到，也才能更快地了解公司并尽早投入工作。久而久之，小李不仅工作完成得很出色，跟领导和同事之间的关系也十分融洽。

实习期很快过去了，小王还是那个爱唠叨抱怨的小王，虽然公司留下了他，但依然做着他不喜欢的打杂工作。而小李却顺利成为一名真正的技术人员，并在一年后，被提升为了技术部经理。

后来，朋友跟小李聊天时问小李当初实习时为什么对"打杂"的工作毫无怨言。小李说，他当初进公司，就想着自己一定能有一番作为，所以，给他的任何工作，他都当是对自己的锻炼。尽管有时也觉得这些工作琐碎，但是他始终相信一个能够有所作为的人，就一定能够做好最平凡最基础的工作。而他自己就是要成为这样的人。

因此我们要成为什么样的人，就用已经是这样人的那个人的身份来武装我们自己，来看待我们自己，并用那个人所应该具有的能量来支撑我们自己，发挥我们自己。

❷ 目标清晰明确才有力量

太阳光再热，能量再足，没有把谁烤焦烤化了，但是如果想象一下，在空间架设一个巨大的凸透镜，并且把焦点调焦到某一个事物的上面，那么这个事物很快就会被烧焦烧化，这就是聚焦的力量。

只有我们清晰了，我们未来一定要成为什么样的人，我们才会明确自己的发展方向，才会更加具象地去修习，具备这个人所应该具备的各种特质。

据说，在战国时有一位六十多岁的老妇人，为了寻找自己在战争中失去音讯的儿子，硬是凭着自己的双脚一步一步从魏国走到了韩魏两国的边界。有人问她说："你从未到过韩国，是如何能够走这么远的路找到这里的？"老妇人回答说："我就凭着心里的目标，我知道韩国在魏国的西南，就一直向着西南走；我知道自己身子骨不好，为了能够坚持到这里，即便是讨饭吃我也要吃得饱饱的；为了让脚舒服走得快，我的钱大半都用在了鞋上……"

这位老妇人正像我们说的，不仅有目标，还能够为实现目标做具体的准备，将"好钢用在刀刃上"。那么，我们呢？有没有一个明确清晰的目标？有没有为实现目标做充分的准备？有没有将自己的精力都集中起来用在实现目标上呢？

如果只是把未来10年作为一个我们思考和设计的方向，那么我们应该做哪些思考、规划、设计和经营呢？

未来10年，一定要有自己发展提升的方向

（1）目标不清晰，行动没方向，内心没力量。

（2）决定你人生最终结果的不是起点而是终点。不管起点有多低，都要坦然面对。

（3）围绕自己的兴趣、爱好选择职业，热爱才能卓越。

（4）做自己最擅长的事，做自己具天赋潜能的事会事半功倍。

（5）老子说：天下大事必作于细，天下难事必做于易。从最容易实现的目标开始做起，小成就累积大成就。

未来10年，要做哪些准备？

（1）要过语言关，要成为驾驭语言的主人。口乃心之门户。

（2）要有一样看家本领，创立自己的核心竞争力。

（3）掌握工作的全部，专业造就专家。

（4）把知识变成能力，用能力创造价值。

（5）向成功的人学习，学习借鉴别人成功的经验，转化为自己的智慧和能力，可以少走很多弯路。

（6）走在时代的最前沿，与时俱进，与时携行。有些时候选择比努力更重要，学会借势。

（7）随时记下一闪即逝的灵感，他们往往来自你的高我。

未来10年，要培养的几种能力

（1）社会交往的能力。（人际影响力）

（2）有效人际沟通的能力。（说服力）

（3）发现问题，解决问题的能力。（认知力）

（4）历经挫折而热情不减的能力。（抗挫折力）

（5）控制自己的情绪和行为的能力。（自控力）

（6）理解悦纳，为他人设身处地着想的能力。（悦纳力）

（7）树立远大梦想的能力。（发展力）

（8）内观的能力。（觉察力、反省力、领悟力）

（9）整合运用资源的能力。（借力）

（10）提升财商能力。（创富力）

未来10年，要认识到的问题

（1）用超凡脱俗的业绩，才有机会树立自己的品牌。

（2）世上的事，最怕认真二字，认真专注可以把事情做到更好。

（3）任何时候，都保持一颗正直的心，不忘初心，方得始终。

（4）用双肩扛起自己的责任，责任越大，成就也会越大。

（5）努力成就更多的人，让更多的人记住你，拥戴你，追随你。

（6）赚钱只是工作的副产品，还有比赚钱更有意义价值的东西。

（7）要成为什么样的人，就跟什么样的人在一起。

近朱者赤，近墨者黑。

未来10年，绝对不能浪费的东西

（1）抓住生活中的点滴空闲，九层之台，起于垒土。

（2）用心善待身边的每一个人，成就你的人往往都是你身边的人。

（3）把每份工作都当成历练自己的舞台，收获应有的一份成长。

（4）重信，人无信而不立。立身行道，才能扬名于后世。

（5）抓住擦身而过的机会，学习和提升可以帮你创造机会。

（6）不浪费每一分钱，把钱尽可能地花在资产上面。

（7）充分发掘和释放生而具足的智慧和能量。

（8）注重累积自己的粉丝资产。

未来10年,如何对待金钱?

(1)钱不是万能的,但没有钱是万万不能的。

(2)要放下钱,得先有钱。没有过,何谈放下。

(3)能创业就去创业,要想办法产生被动收入。(创业有很多种呈现方式)

(4)有钱不是万恶之源,无钱才是万恶之本。

(5)钱不是省出来的,而是赚出来的。

(6)把自己不需要的,但却是别人需要的找出来,你将很容易赚钱。

(7)先满足别人的需求,自己的需求就会得到满足。

(8)在为客户服务上做文章,你能有多少个满意的客户,你就会有多大的收获。

(9)让钱在流动中升值,钱只有流动起来才能钱生钱。

未来10年,发展重心放在什么位置?

(1)聚焦目标,清晰、明确、坚定。

(2)聚焦当下,聚焦专业,做好手边的工作。

(3)既要有深度,又要有广度,在细节上下功夫。

(4)把时间和精力用在最能创造效益的地方。

(5)注重个人的成长和积累。

(6)成功之前做该做的事,能做好的事儿,成功之后做想做的事。

(7)始终围绕自己的核心目标做事,整合一切可以整合的资源。

结论:

时间、精力、金钱是种子,种在哪儿,哪长!用在哪儿,你的成果就在哪儿!

❸ 要想有钱，先让自己变值钱

我们的收入和回报源自我们所创造的价值和为社会做出的贡献度。很多人都希望自己变得很有钱，那我想说，如果想让自己有钱，一定要先让自己变值钱，只有你值钱了，你才会真正地有钱。

怎么能够值钱？就是你对他人有用，能够为他人做事儿，能够给他人创造价值，带来好处。你能够给他人带来的好处越多越大，你就越值钱。你要努力把自己打造成行业的专家，要把自己经营成品牌。

(1)要得到什么必先要学习什么

想要弹琴——要先学习乐谱！

要想开车——要先学习驾驶！

要想炒股——要先学习投资！

要想救溺水者——要先学习游泳！

要想针灸——要先学习成为中医！

要想带好团队——要先学习如何成为领导者！

要想培育好孩子——要先学习成为有资格的父母！

(2)人类几乎所有的能力,都是经由后天的学习、成长、训练、实践得来的

孔子说:人非生而知之。连圣人都如此这般,何况是我们这些凡夫俗子。

如果我们在学习中、工作中、生活中、人生中感到欠缺某种能力,那是因为你没有在提高这个能力方面进行更多的学习、成长、训练、实践,没有在这项能力的

提升中投入更多的时间、精力和金钱。反过来讲，要想提高某方面的能力，只需要不断地在这方面投入更多的时间、精力和金钱，不断地在这方面进行学习、成长、训练、实践，那么这方面的能力一定会得到长足的提升。

提升能力的思维程式：1.01的365次方=？

我们都知道1的365次方还是1，他的意思就是说，如果一个人长时间保持不变的话，那么他也不会有多大的精进和成长，那1:01的365次方又是什么意思呢？就是说我们每天进步1%，每天进步一点点，如果我们在某项能力的提升方面让自己每天进步一点点，每天进步1%，坚持不懈一直做下去的话，你就可以想见到你的能力会获得多大的提升。

一个人的内心状态可从其说话中得知。一个没有大志向，大追求的人，说不出来气吞山河的话。

鬼谷子说：口乃心之门户。改变说话和思考的方式，就可以改变内心状态。

很多人内心的困境，其实是本人的一些错误信念造成的。

以下的5个步骤，可以帮助我们运用思维程式去把处于困境的心态，改为积极进取心境。使我们更有清晰的行动目标和改进途径。

第一步，困境。我做不到X。

第二步，改写。到现在为止，我尚未能做到X。

第三步，因果。因为过去我不懂得XXX，所以到现在为止，尚未能做到X。

第四步，假设。当我学懂XXX，我便能做到X。

第五步，未来。我要去学XXX，我将会做到X。

注：第三步因果的"XXX"必须是本人能控制或有所行动的事。

（3）向谁学习？学什么？怎么学习？

向拥有好结果的人学习。谁在某方面取得了最好的结果就向他学习。无须迷信权威。也不要被过时的成功者羁绊住手脚。正所谓当下师为无上师！当下谁在某方面做得最好，那他就是最好的老师。学习要与时俱进，与时偕行。实践就是最好的老师。

在此我们有必要先来了解一下什么是真正的学习。

世界的四大文明古国，古巴比伦，古印度，古埃及以及我们的华夏文明。前三个都已经是过去时了，只有我们的华夏文明一直延续到了今天。为什么我们的华夏文明能够一直延续到今天？其中重要的一个原因就是我们拥有自己完善的文字体系。中国文化博大精深，中国的繁体字，字里藏形、字里藏意。"學"先看它的上半部分，左边一个手，右边一个手，中间两个叉。这是什么意思呢？中间的两个叉，不是两个叉，而是《易经》里的爻（yao）。所谓一阴一阳之为道，阳中有阴，阴中有阳。用双手呵护着自己身体的阴阳爻，意味着要遵循自己身体的道，去运行自己。为的是让自己开悟觉醒，明心见性。所以中间是个"觉"字头。而下面是一个"子"，"子"分解开来就是"了"和"一"。"了"就是了悟、了解、透析、澄明的意思。而"一"所代表的就是天道，而天道就是人心，所以说得民心者得天下。

很多人误以为学习就是为了学习一些知识、技巧、方法、技术等等，其实不然，学习真正的目的是开悟觉醒，明心见性，是为了遵道而行。

繁体的"習"字，是形声字。是人们看到一种自然现象而总结出来的这个字。就是雏鹰在练习飞翔的过程中张开翅膀露出腋下的白毛，而在这个过程中它不断地扇动翅膀，不断练习，不断演练，坚持不懈地练，直到最后可以轻松驾驭自由翱翔达成想要的那个结果，这就叫"習"。所以"習"是不断践行，不断练习，不断实践，熟练掌握，熟练驾驭的意思。

因此学习就是把开悟觉知到的，立刻结合自己的学习、工作和生活去进行落地，去进行转化，并且不断去练习，不断去实践，最后可以轻松驾驭，达成效果，这整个过程叫学习。

那么我们必须要学习什么呢？

学做人（孔门四科）；

学习认识自我，认识世界，建立健康三观（世界观、人生观、价值观）；

学习做自我人生命运的主宰；

学习规划、设计、经营自己的人生；

学习明心见性，开悟觉醒；

学习提升自己的格局、胸怀、站位、能量层级；

学习掌握有效的学习方法和手段；

学习提升自己的情商、财商、智商；

学习古圣先贤、大德之人。

（4）OPT&OPM

这个世界上，凡是有大成就的人，都是非常善于整合运用别人的时间、智慧、能量和财富的人。

这个世界上有两类人，一类是卖自己的时间、智慧和能量给别人，另外一类是花钱买别人的时间、智慧、能量为自己所用。那么哪一种人会取得更大的人生成就呢？相信有智慧的你一定会得出结论，那就是花钱买别人的时间、智慧、能量为自己所用的人。

林伟贤有一个非常棒的课程叫作money and you。

这个课程中最核心的一个价值点就是OPT&OPM。

O，就是other，P就是people，T就是time，M就是money。

OPT&OPM说的是这个世界上有大成就的人，都是非常善于整合运用别人的时间、智慧、能量和财富为自己所用的人。古今中外，所有有大成就者概莫能外。因此我们在规划、设计、经营自我的过程中，一定要注重整合、运用一切可以利用的资源。

（5）如何规划、设计、经营？必须要做好哪些规划、设计、经营？

我们要规划、设计和经营的主体是人，以及人所要选择的行业和从事的职业。

卡内基先生说过，一个人若能了解人性，并能把握人性，你将无所不能。

有时候我们运用逆向思维的方式，解读人性，会让我们对人性有着更清晰、深刻的领悟。

很多商业模式都是根据人性倒推设计、实施出来的。

可见，成功地运用逆向思维，剖析人性，并利用人性的特点往往能够达到意想不到的效果。事实上，很多商业模式也都是根据人性倒推设计并实施出来的。

（6）做到才叫真知道

知道不等于做到，做到不等于得到，得到不等于悟到，悟到不等于体到，体到不等于传道，做到才叫真知道。

太多的人经常挂在嘴上的一句话就是"我知道，我懂，我明白"，但事实上当你没有做到的时候，也就是说当你没有得到结果的时候，事实上等于你不知道，等于你不懂，等于你不明白，所以今后当我们还没有做到的时候，就不要轻易再说我知道。这样会害人害己，因为当你不知道的时候，至少还留有一个通过知道可以得到的希望。

④ 人生的五大境界

佛教禅宗史书《五灯会元》中记载,青原大禅师说过这样一段话:老僧三十年前来参禅时,见山是山,见水是水;及至后来亲见知识,有个入处,见山不是山,见水不是水;而今得个体歇处,依然见山还是山,见水还是水。

后人由此得来人生三个境界:看山是山,看水是水;看山不是山,看水不是水;看山还是山,看水还是水。

第一境界:见山是山,见水是水。此时,初识世界,纯洁无瑕,还没有太多复杂的观念和知识,因此眼睛看见什么就是什么。

第二境界：见山不是山，见水不是水。这时，我们已经经历了一些事情，获得了一些知识，因此开始对所见事物进行思考，探寻事情背后的东西。于是我们会觉得"花非花，雾非雾"，万事万物都似乎另有深意。

第三境界：见山还是山，见水还是水。到了这一阶段，就已经是迷惑之后的大悟，能够见到事物最本质的东西，因此山还是山，水还是水。

这几句话是说世间万物都是客观存在的，人的认识其实是对客观存在的反映，而认识的发展有其自身的规律，即知识和实践决定认识。

如果我们将这几个境界变得更加符合现代人的思维，便可以得出以下五个境界：

（1）不知道自己不知道：井底之蛙，认知局限，见识短浅。

（2）知道自己不知道：认知扩展，开始成长，谦虚好学。

（3）知道自己知道：清晰自己知道什么，需要知道什么，怎么可以知道，什么不需要知道，什么可以假装不知道。

（4）不知道自己知道：生而具足的智慧和能量远没有被自己意识到，即便偶尔做到，因缺乏归纳总结和系统思考，也不能随心所欲地驾驭运用，所以远远没有发挥出自己的能量和作用，远远没有达到自己所应该达到的成就和高度。

（5）随心所欲：对自己有非常深刻清晰明确的理解和了解，把自己跟宇宙、自然融为一体，可以灵活地因时因事作出调整，运用宇宙万物为己所用。

可见，当我们看事物时，不要只看它的表面，一定要看到它的本质，即它内在的价值，只有它的内在价值才是决定我们做或者不做的标准。

举个最简单的例子：不要因为便宜而买一件衣服，要因为值得才买；不要因为容易而去做一件事儿，要因为有价值才做。

懂得经营的高手会暂时放下自己的优势，思考价值，他相信只要方向正确，资源、技能、优势都是可以积累的。

在经营的过程中，如果有时不足以当第一，那就搞差异化竞争；如果无法上主战场，那就先占领二线战场；如果综合能力胜不了，那就找一个细分领域，集中优势兵力打歼灭战。然后从一个小头部去做更大的头部。

⑤ 十条法则让你的人生顺风顺水

无论在工作，还是生活中，我们为人处世都需要一些技巧。这个技巧就是要懂得把握好"度"，如古人所造的铜钱一般，有圆有方，既要能够与人保持良好的关系，又要保持该有的原则，只有这样才更容易在社会立足，人生也才能够顺风顺水。

以下为大家总结了十点，看你能做到哪些？

对待领导，要么会哭，要么会笑；要么对领导绝对忠诚，要么有能力，可以为领导所用。

对待下属，要么容忍他，要么让他走人。

对待小人，要么比他狠，要么就敬而远之。

对待对手，要么打败他，要么就与他建立统一战线。

对待老板，要么表忠心，要么拿业绩。

对待同级，要么有能力，要么有人情。

对待客户，要么会说话，要么会请客。

对待朋友，要么你真诚，要么你有用。

对待家人，要么感恩，要么体谅。

对待自己，要么自律，要么自强。

成大事者有两个特点。讨论问题时，利弊在先，对错放后。选择做事时，只看是否应该，不管是否喜欢。

⑥ 戒掉这五个习惯，人生会越来越好

习惯，顾名思义，就是一个人在一段较长的时间里逐渐养成的，一时间不容易改变的行为。莎士比亚在《哈姆雷特》一书中说：习惯有一种神奇的力量，它可以使魔鬼主宰人的灵魂，也可以把他们从人的心灵里驱赶出去。可见，好的习惯自然可以让一个人在激烈的竞争中生存立足，求得发展。相反，那些不好的习惯，也同样可以让一个人在社会中惨遭失败。好的习惯就不再一一列举，但以下几个习惯，如果都能够戒掉，那么你的人生也许会省去很多麻烦。

（1）戒掉与人抬杠的习惯

所谓抬杠，就是一个人和另一个人去做无谓的争辩、顶撞。习惯抬杠的人，

很清楚这是一件令人不愉快的事情，但还是习惯性地鸡蛋里面挑骨头，不管大事小事，总要找个茬打压对方，直到看到别人不开心了、生气了，他才开心地收场。

这样的人无论是在职场中，还是在生活中，都会成为其他人厌弃的对象。原因很简单，抬杠不仅不能给对方创造任何有用的价值，反而会让他人心情变得糟糕。

所以，人与人相处，要以真诚为贵，少抬杠，多鼓励，多帮助，只有这样自己的周围才能够聚集越来越多的正能量，才能让自己的道路越走越宽。

（2）戒掉较真的习惯

"较真儿"本身并没有好坏之分，如果将其用在工作、学习和技术领域，对待工作和学术认真负责、一丝不苟，自然是好处多多。但如果，把较真儿用在生活和人际交往中，就会给自己和他人带来巨大的麻烦。

孟子的《周易系辞》中提道："变则通，通则达，达则兼济天下。"但如果你过于较真儿，就会很难以与人相处，而且总是会处于被周围人孤立的状态。

我的一个学员讲过他自己亲身经历的一件事。他的公司来了一位非常厉害的开发人员小董，小董的技术一流，虽然来的时间不长，但很快就成了公司的技术骨干。美中不足的是小董不太爱整洁，他的办公桌总是乱糟糟的，用过的笔横七竖八地扔在桌子上，各种文件也从没有摆放整齐过。这位学员就忍不住较起真儿来，说小董这样文件容易丢失，不利于工作云云。但小董是个典型的技术男，根本听不进去，说自己的东西虽然乱但从来没有把文件弄丢过。于是，两个人为此吵得面红耳赤，不欢而散。不仅如此，周围同事也觉得这位学员有点小题大做，从此似乎对他也疏远了。

（3）戒掉"甩锅"的习惯

"甩锅"就是将责任推到别人身上，是一种不负责任的行为，这无论是在个人生活中还是在职场中都算得上是大忌。甩锅的行为不仅会损害人际关系，还会给工作和生活带来很多负面影响。

比如有的人,如果事情做得很好,他就会把这个结果归结为自己的能力。如果事情做得不好,就会归结于外因,或者说队友差劲,或者找其他的理由,反正不会认为是自己的问题。

这样解决问题,当时好像给自己开脱了,但久而久之周围的人就会对其逐渐厌烦和疏远;领导也会因为其毫无担当而不敢委以重任。

(4)戒掉说话不假思索的习惯

"心直口快"听起来似乎是一个褒义词,但却时常给人带来麻烦。因为心直口快的人,其特点就是说话不假思索,想到什么就说什么,难免会在无意中得罪人。

王安石就是这样一个人。他没事常与好朋友叶致远对弈,但却棋艺不精,而且棋品还很差。每次下棋,他总是不假思索地胡乱落子,很快就会被困死。之后,他就把棋盘一推,说:"不玩了,没意思。"

叶致远笑说:"以介甫兄的才智,稍加琢磨,未必就会输啊。"

王安石大摇其头:"下棋是为了休闲,如果为了赢棋而冥思苦想,那就太不划算喽。"

王安石说者无心,没想到叶致远听者有意,只听叶致远尴尬地说:"这么说,介甫兄一直在拿我消遣啊。"

王安石这才反应过来自己说话未经大脑,让叶致远误会了,于是赶紧补救,慌忙中解释道:"叶兄误会了,我的意思是我再怎么琢磨也赶不上叶兄,索性就只好当成休闲了。"

我们未必都有王安石这样敏捷的思辨能力,因此说话时还是要多思考一下,以免让他人产生误会或不快。

(5)戒掉自命不凡的习惯

我们总是会遇到这样的人,看谁都不如自己,觉得整个世界"唯我独尊",觉得自己将来必定有一番大作为而对身边的人满怀轻蔑。但是,要切记"山外青山楼外楼",无论在哪里,总会有人比你优秀。

就比如考试,在你的家乡县城里,你可能是个高考状元;但到了省里,你也许只能算得上是优秀中的一员;而在全国范围内,你就可能只是一个平平常常的学生而已。

所以,有自知之明,凡事保持一个谦逊的心态,绝对是一个人为人立世永不过时的品格。

经营事业、经营家庭、经营健康,本质上就是在经营自己的品格和习惯。当一个人有了好的品格,养成了好的做事习惯,顺畅的人生也就开始了。

第 4 章　人生需要成长

活明白　HUO MINGBAI

当人们不知道为什么而做的时候，他做好的意愿度会大打折扣，他的智慧和能力的发挥也会受到严重的限制，即使你给他再多的方法，工具和资源都不足以让他获得应有的成就。

① 为什么学比学什么更重要

《论语·雍也篇》中记载：知之者不如好知者，好知者不如乐知者。意思是说，懂得学习的人比不上喜爱学习的人，喜爱学习的人比不上以研究它为快乐的人。在这里，孔子将学习分为三种境界，即知之、好之、乐之，只有进入以研究学问为人生最大乐趣的境界，才能真正获得心灵上的愉悦和满足。

那么，我们怎样才能达到这样的境界呢？那就是要带着目的去学习，当我们发现在学习当中实现了一个一个的目的时，满足感和成就感就会引领着我们不断学下去。

相反，如果我们毫无目的地盲目学习，效果一定会大打折扣。所以，我们要说一说：

为什么学？

学习的目的有如下几方面：

（1）发现生命的真相：认识世界，认识自我；

（2）发现天赋潜能：运用天分，激发、释放潜能；

（3）开阔自己的视野，学会筑梦：增长知识，丰富阅历，找到榜样，树立梦想；

（4）掌握学习的方法和技巧；借鉴思路、时间、精力、金钱，发现和总结；

（5）提高自己的智商、情商和财商：洞察力、领悟力、理解力、归纳总结力、分析力、判断力、想象力、沟通表达力、思考力、创新力、抗挫折力、情绪管理力、社交力、挑战力、影响力、聚焦力、整合力、销售力、资本运作力；

（6）提升站位和格局，结识整合人脉资源：心中

装下更多人,同学、老师、家长;

(7)学习适应社会,引领社会:阅人、应变、抗压、自省和蜕变、包容、欣赏、鼓励、协作、付出、牺牲、探索、尝试、感召;

(8)学习掌握生存的本领,构建核心竞争力:一技之长,核心竞争力;

(9)学习成为责任者,学会珍惜感恩:对自己,对家人,对社会;

(10)找到学习的乐趣,建立学习的快乐链接:博学、睿智、通达、享受。

② 知道为什么做比做什么更重要

和上一篇"为什么学比学什么更重要"一样的道理，当我们有了目的而做事情或者工作时，心里就会像有了定海神针一样不再摇摆了。

为什么而工作？

（1）发现天赋；

（2）找到自信；

（3）获得乐趣；

（4）提升能力；

（5）挖掘自己的潜能；

（6）累积经验和才能（资源）；

（7）丰富生活、思想，增进智慧，累积财富；

（8）实现人生的价值；

（9）人生的充实；

（10）养家糊口。

那么要如何工作呢？先学习借鉴，再转化创新。热爱，专注，博采，创新。

③ 快速学习成长的五个秘诀

（1）学：能者，书本，实践

（2）练：思考，把握一切实践机会，求教

（3）悟：领会琢磨，求证，贯通

（4）用：无时无刻，熟能生巧

（5）教：分享，传授

当然，这五个秘诀不是绝对孤立的，而是相互渗透、环环相扣的，要学会学中练、练中悟、悟后用、用后教，这样一步一步进行下去才是真正快速学习的秘诀。

我们都知道成语"纸上谈兵",说的是战国时期赵国大将赵奢之子赵括的故事。赵括从小熟读兵书,张口闭口都是军事谋略,理论知识几乎无人能及。但他却缺乏思考和实践,因此也未能真正领悟那些兵法。公元前259年,秦国施行了反间计,赵括替代了廉颇。赵括自认为很会打仗,死搬兵书上的条文,结果四十多万赵军尽被歼灭,他自己也被秦军箭射身亡。

可见,学习是一个整体的过程,各个环节都要相互渗透,相辅相成才能真正地学会学好。

④ 成长的九大力量

（1）使命，激发动力。一个人一旦找到了自己的使命感，就会源源不断地激发和释放出早已蕴藏在身体里的智慧和能量。会让自己有使不完的劲儿，有永不枯竭的动力。

（2）责任，即荣誉。被赋予责任，实际上是源于一份信任，源于一份能力的被认可、被相信。自然也就是一份荣誉。

（3）感恩，获得帮助。懂得感恩的人，做人是成功的，会吸引到更多的人来帮助你、支持、成就你。

（4）自律，才能律他。身先足以率人，律己足以服人。一个人如果都不能够自律，不能够管理住自己，你是没有说服力去管理和影响他人的。

（5）专心，聚焦能量。清晰明确才有力量，聚焦专注才有能量。正所谓用心专注，可以把事情做得更好。

（6）协作，赢得信任。懂得协助别人，支持别人，成就别人，拥有利他心，是赢得信任的最佳路径。

（7）学习，生发智慧。学习是一个明心见性，开悟觉醒，并且把所思所悟，实践在自己人生中的一个过程。在这个过程中，可以由内而外地生发出属于自己的智慧，用于指导自己的行为，收获属于自己的辉煌。

（8）付出，换得回报。正所谓己欲立而立人，己欲达而达人，你所有的付出最终都会成倍地回报到你自己身上。

（9）高度，决定视野。站得高才能望得远，望得远才有机会，走得远。站的高度不一样，看到的风景是不一样的。

⑤ 我们无法给予他人自己没有的东西

我们如果想要资助别人，可是我们自己没有财富也就无法资助别人，因此说自己没有财富就很难给到别人财富，自己没有知识就给不了别人知识，自己没有快乐也给不了别人快乐，自己缺乏自信也不可能给予别人自信，自己没有远大的理想和目标也不可能带出有远大理想和目标的孩子，自己没有幸福感也给不了别人幸福感。所以要想给予别人的前提，自己必须拥有。

今天如果我们没有财富，我们就无法给别人金钱方面的支助；如果我们没有知识，我们就无法给别人传播知识；今天如果我们没有远大的理想和志向，也不可能给到别人远大的理想和志向的影响；今天我们没有感受到快乐，也不可能真正地给到别人快乐；今天我们没有过幸福感，我们也很难理解和给予别人幸福感；今天我们没有自信，我们也很难真正能够给到别人自信。要想给予别人，自己必先拥有，要想传播爱，必先要学会爱，拥有爱，成为爱。真正的爱是有心的！真正的爱是无条件的爱，不求回报的爱，发自内心的爱。

为了拥有爱别人的能力，我们首先要学会爱自己。一个自己都不爱的人，是没有能量去爱别人的。吕坤在《呻吟语选·补遗》里写道："人不自爱，则无所不为。"意思是，一个人如果不自爱，就会什么事都干，当然也包括坏事。庄子《人间世》中也写道：古之至人，先存诸己而后存诸人。意思是说古时候的圣人，先是充实自己，而后才去帮助别人。飞机上戴氧气面罩就是具体的应用。

一个人首先要把自己安顿好了，才能去照顾别人，如果自身难保，又如何有能力去帮扶别人呢？

爱自己就全然接纳自己！每一个生命都不是无缘无

故来到这个世界上的,一定是因为我们带着某种特殊的使命才会来到这个世界上。接纳我们的出身,接纳我们的性别,接纳我们的长相,接纳我们的血型,接纳我们的性格。天生我材必有用。

爱既是一个名词,更是一个动词。爱是行动,爱是要用呈现的结果来表证的。

⑥ 解密人性密码（逻辑层次图）

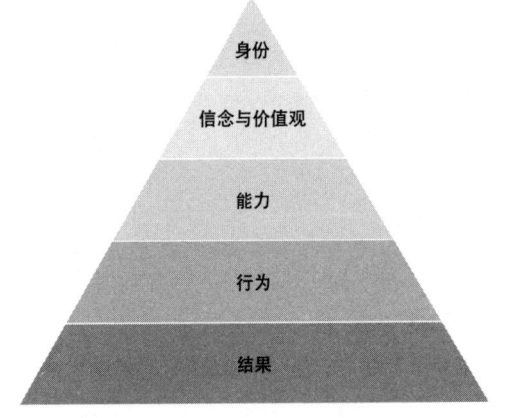

```
        身份
     信念与价值观
        能力
        行为
        结果
```

图4-1　NLP逻辑层次图

图4-1影响了无数个人取得卓越的人生成就。

所谓的"命"就是人生到了某一个年龄阶段所呈现

出来的人生结果。比如说如果一个人到了50岁、60岁或70岁，所呈现出来的人生结果是这样的，我们看看他是什么样的命？身体健康，家庭和睦，事业有成，朋友一大群，兴趣爱好广泛。我们一定会说，这个人的命真好！那反之呢，如果一个人到了50岁、60岁或者是70岁，他的人生结果是这样的，家庭破裂，百病缠身，事业破产，朋友没一个，兴趣爱好全无，那我们就说他的命真惨。

而任何一种结果的呈现是之前我们做了些什么？换句话说是行为产生的结果。而行为是受思想支配的。所谓的思想就是一个人的信念集合体，它是由无数个信念、价值观和规条所组成的一个系统。由此我们确定要想改变命运，核心的根本就是改变他的思想，换句话说就是改变他的信念系统。

观念 》 信念 》 思想 》 决定 》 行为 》 结果 》 命运

图4-2 信念系统

人们为什么会做或不做什么事情，以及能不能做出我们想要的某种结果。取决于我们有没有采取有效的相对应的行为。而我们能够做出什么样的行为，取决于我们是否具备做出这种行为的能力。而我们具备什么样的能力，取决于我们相信什么样的能力是重要的，对我们有意义有价值的。而我们的信念和价值观来源于我们是一个什么样身份的人。

一个人一旦确定了自己是一个具有什么样身份的人，他就一定会具备支撑这种身份得以存在的信念和价值观。而一个人拥有不同的信念和价值观，就会认定什么样的能力是他必须具备的，对他非常非常重要的。当我们具备了某种能力的时候，我们才有可能去实施，展开某些行为，进而达成我们想要达成的结果。

由此我们不难明白，学习、工作只是一个行为。现实生活中，我们大多数人过重地强调了这个行为。认定是这个行为最终产生的结果。表面上看起来这没有错，但实际上一个人拥有什么样的行为取决于他是否具备行使这种行为的能力。而是否具备某种能力，取决于我们对这种能力能够给我们带来的价值和好处的一种信念。因此我们明白要想真正得到我们想要得到的结果，单纯地去调整和改变行为是没有意义的，而是要从根本上改变产生行为的内在原因，也就是我们的信念和价值观。

只有从根本上改变了我们的信念和价值观,行为自然就会得到修正。因此我们说,弄明白为什么学比学什么更重要,为什么做比做什么更重要?

我有4个好朋友,在我们休闲的时候经常会聚在一起,到一个小岛上,去钓钓鱼,打打牌,喝喝茶,聊聊天。我们5个人当中有一位朋友不会游泳,每次我们无论谁怎么劝他,他都无动于衷。甚至有朋友跟他开玩笑地说,如果你学会了游泳,我给你10万块钱,他依然不为所动。结果有一次,我们又相约到了一个小岛上,去的时候天气很好,可是刚过了两天就得到了紧急通知,台风要来了。我们就赶紧收拾往回赶,紧赶慢赶,眼瞅着距离海岸线差不多,目测距离应该有1千米左右。结果几米高的大浪把我们完全掀翻在了海里。幸好我们4个水性好啊,我们使尽了浑身的解数,连拉带拽把他硬是给拖到了岸上。虽然没呛到,但还是喝了很多水,肚子都已经胀起来了。我们轮番给他倒立,往外控水,掐人中,好一顿折腾,终于把他弄醒了。当他醒过来以后开口说的第一句话,就是"我要学游泳!"为什么原来给10万块钱都不屑于学,而现在却主动要求,要学游泳？因为他的信念和价值观发生了改变。原来他相信他会不会游泳，没那么重要，没什么价值，但是现在他却发现会游泳，真的可以保命。

再举一例：

我一学生的孩子，非常厌学，每门功课都学不好。用了很多方法，都没有改善。结果，有一段时间不知道为什么萌生了想要出国的念头。他的父母就跟他说，虽然家里经济条件不错，可以让他出去，但是出国必须要有英语打底，而他的英语成绩却非常糟糕。结果这个孩子，用了一年多的时间，英语成绩取得了突飞猛进的进步，而且GRE考试也通过了。他原本不具备英语会话的能力，是什么让他具备了这个能力呢？就是他强烈渴望出国的欲望，他相信外语对他非常重要，他必须学会它。

结论：一个人具备或不具备某种能力，取决于他的信念和价值观。当他认定这种能力对他非常重要，非常有价值的时候，他就会激发内在的能量和智慧，利用一切方式方法和手段让自己具备这种能力。

第 5 章 CHAPTER 5
人生需要智慧

活明白
HUO MINGBAI

① 智慧的定义

很多人会有一个误区，认为聪明就是有智慧，在这儿我想负责任地说，聪明绝不等于智慧。

那么究竟什么是智慧呢？结合我20多年的教学经历，我对智慧做了以下这些总结。

（1）智慧就是能够把想法变成现实

这个世界上不缺乏有想法的聪明人，却很少有能够把想法变成现实的有智慧的人。光有想法是远远不够的，我们要能把想法转化成目标，定义出结果，依据结果设计实现的计划和步骤，制定出保障实现的关键措施，设定好时间节点，发掘、整合、运用一切可以运用的资源和条件，锁定目标，坚定信念，持续行动，不断改进，最终就能把我们的想法变成现实，达成我们要达成的结果，实现我们的目标。

（2）智慧就是遇到问题能够解决问题

有智慧的人遇到问题的时候，他的第一反应就是，我能解决这个问题。他相信，只要有问题，就一定有解决问题的方法。只有站在更高的层级和维度上，才更容易找到解决问题的方向和方法。因此说，我们所有的问题都是当下的境地所造成的。要想解决好问题，首先要会问问题。比如：这个问题的解决到底对我有多重要？我还可以有什么样的方法、路径？学习、借鉴哪些经验？整合、借助哪些资源？会有助于我更好地解决这个问题？每一个问题的背后，都是我们突破、成长、提高的重要契机。

（3）智慧就是懂得把握事物的分寸度，区分细小差别的能力

各行各业中，那些顶尖的人士，大多都是某一方面的专家。他们跟普通人最大的区别就是，他们能够发现你发现不了的，看到你看不见的，区分你区分不开的，厘清你厘清不了的，理解你不理解的，他们善于抓住事物的核心，把握事物的本质，能够在关键时刻拿捏好度，做出准确的判断和行动，他们能够及时地捕获普通人意识不到的细微变化，快速反应，取得理想的效果。因此获得了成功。能够把握事物的分寸度，区分细小差别，是一种智慧。

我们都听说过卤水点豆腐，如果卤水点得刚刚好，做出的豆腐就鲜嫩可口，如果点得不到，豆腐就不成块，就是一盘散沙。可是如果点过了，豆腐就变苦了。所以我们明白把握好分寸度特别的重要。同样道理，一位经验丰富的医生，他能够从普通的表象当中，捕捉到重要有效的信息，给出恰当的治疗和处置，收到良好的治疗效果。而一个优秀的领导者，在管理团队的过程当中，他能够把握好奖惩的度，达成团队发展的结果。

（4）智慧就是无论什么样的境况下，都能够做出有利于自己成长、发展和收获的选择

有智慧的人，无论在什么样的突发状况下，无论在什么样的处境和环境下，他都会做出精准的思考和判断，他选择的应对策略，呈现的状态，做出的行动，付出的代价，一定是有利于自己的成长，有利于未来的发展，有利于当下以及未来的收获。比如：既然无法改变，那就从容面对。既然已经发生，那就从发展中汲取价值。既然事情已经够糟了，那我就苦中取乐。为了这一切，他甚至会做出承受暂时痛苦的选择。比如：挑战自己的舒适区，克服自己的惰性，打破自己的恐惧，控制自己的愤怒，放弃短期利益等等。

（5）智慧就是善于得其时，当其事

所谓得其时，当其事。是说一个人要懂得善于在恰当的时间、地点、场合，说恰当的话、做恰当的事，收获圆满的结果。同样是一件事、一句话，如果我们在不恰当的时间、地点、场合说，可能就无法得到我们想要得到的结果，甚至可能把事情搞砸。同样是一件事、一句话，如果我们说的对象不对，表达的路径、方式不对，也很难达成理想的效果。甚至可能会给自己带来麻烦。因此说，懂得在恰当的时间、地点、场合，跟恰当的人说恰当的话、做恰当的事，是一种智慧。

（6）智慧就是始终明晰究竟什么才是自己想要的结果，并知道如何才能够实现它

很多人做了很多事，却不知道自己为什么要去做这件事，以及做这事要达成的结果是什么！即使有的时候一开始似乎知道，但做着做着，由于受到了外界的刺激和干扰，就忘记了自己的初衷，忘记了做这件事要达成的最终结果。甚至有些人受习惯的驱使去做事，已经不再思考做这事，到底能达到什么结果了。而清楚自己做的每件事想达成的结果是什么，这个结果跟自己要达成的阶段性的目标有什么关系，这是一种智慧。有智慧的人会不断地问自己，我要怎么想？怎么说？怎么做？才能够更好地达成我预期想要达成的结果。

（7）智慧就是用别人喜欢的方式，达到自己想要达成的结果

我们想让别人去做一些事情，常常效果不好，甚至会被直接拒绝。因为没有人喜欢被别人指派、要求、命令去干事情。人们喜欢用自己感觉好的方式来做事。当人们做事时，有存在感、价值感、优越感、重要感、责任感，显得与众不同，产生被欣赏、被赞美、被认可、被期待、被依赖、被感恩、被羡慕、被铭记等感觉时，人们就会愉悦地去做，甚至主动地去做。能够让人们带着这样的感觉去做事，是一种智慧。

② 注意力等于事实

我们的每一个念头、每一种情绪、每一个想法和感觉，正在创造我们的未来。

你心里想的都将被吸引到你的现实生活中来。**你关注什么，你就会吸引什么。**

你关注什么，你就会受到什么的影响。

人所处的现实是人的心念吸引而来的，人也被与自己心念一致的现实吸引过去。这种相互吸引无时无刻不在以一种人难以察觉的、下意识的方式进行着。

人如果能控制自己的心念（思想），使之专注于有利自己的、积极的和善良的人、事、物上，那这个人就会把有利的、积极的和善良的人、事、物吸引到其生活中去，而有利的、积极的和善良的人、事、物也会把这个人吸引过去。

人都是选择性地看世界，人只看得见和留意自己相信的事物、感兴趣的事物，对于自己不相信、不感兴趣的事物通常就不会留意，甚至有意识地选择视而不见。

如果你担心、害怕，你就会把更多的担心和害怕吸引到你的生活里。

你现在正在关注着什么？吸引着什么？这些使你有什么样的感觉？

无助、倒霉、恐惧、迷茫、担忧、恼怒、批评、责难、无奈、沮丧、失落、怀疑、怒火、报复、恨意、憎恶、罪恶、内疚、贫穷、苦难、孤独、死亡、疾病、贪婪、吝啬、匮乏、挑剔、困难、负担、失去、慌乱、悲伤、难过、气愤、自卑、放弃、懒惰、消极、懈怠……如果你在生活中花时间和能量去想象最坏的情况，那么

你的身体和情感就会回应这些想象，进而将与之一样的消极能量和环境吸引进你的生活。卡耐基告诉我们：不知怎样抗拒忧虑的人都会短命，同理，就事业而言，不知抗拒忧虑同样会失败。

相信、机会、幸运、健康、富足、爱、坚强、勇敢、战胜、感激、喜乐、热情、快乐、兴奋、期待、希望、满足、感恩、喜欢、愉悦、和平、和谐、丰富、奉献、付出、力量、分享、能量、自由、舒服、慈悲、贡献、坚持、信任、行动、淡定、坚持、自信、挑战、担当……

只要起心动念为众生，就可以获得众生能量的加持。人如果真正深信某件事会发生，则不管这件事是善是恶、是好是坏，这件事就一定能会发生在这个人身上。

所以用好的信念，取代不好的信念，是命运修造的原则。

如果你坚持关注生活中美好、正面的事物，你就会自动地将更美好和正面的事物吸引入你的生活；如果你关注不好的和负面的事物，那么更多不好和负面的事物就会被你吸引过来。

你要改变自己的处境，首先要改变自己的想法！很多人都活在过去的想法和行为所造就的结果里！很多时候我们总是把注意力集中在讨厌的事情上、困难上或难以解决的问题上，不愿意得到的结果上，现在开始让我们聚焦生命中的美好，聚焦可能性，对生命中一切美好的事物怀有感恩的心，发出强烈的念波，怀有感恩的心，会让我们有更多的收获、更大的磁场，感恩的心会让你吸引到更多的人脉、资源、资讯、能量来到你的身边，让你变得更睿智。

只要你改变对生活、对世界的看法和思维，你就会吸引更多美好的事物出现在你的生命里，继而达成自己的心愿！

人不能控制过去，也不能控制将来，人能控制的只是此时此刻的心念、语言和行为。

③ 处理棘手问题的模式

处理棘手问题的模式包括四点:

(1) 肯定

接受对方的情绪状态,不挑战、质疑、否定、批判或忽视。

肯定就是不管因为什么事使对方出现情绪,都假定该事对对方的重要程度很高,因而对方表现出来的情绪是恰当的。我们可以说一些如下的话语去表示这份肯定:

"看到你这样悲伤，一定有重要的事情发生了，可以告诉我吗？"

"我感受到你十分愤怒，可以与我分享是什么事吗？"

"你面上的表情告诉我，这件事对你的打击一定很大，告诉我你的感受，好吗？"

（2）分享

分享就是分享对方的感受和事情的内容。记着：永远是先分享感受，后分享事情内容。要诀是引导对方说出几句描述内心情绪的话，然后才把注意力放在事情上。情绪存留在右脑里，经过描述亦即是左脑里文字的处理，左右脑达到一致的联系，情绪便也就会慢慢消解。

如果对方响应上面"肯定"部分的说话，说出事情的内容、始末、谁人对错等，我们可以用下面的话语把他带回到正确的方向（先分享感受）：

"原来是这些使你这样不开心。来，先告诉我你内心的感觉怎样。"

"哦，怪不得你这样反应啦！你心里现在觉得怎样？"

对方越说出内心的感受，便越能与自己的感觉重新联结，因而认识和消解自己的情绪。

对方说过一番关于自己内心感受的话语后，我们观察出他的声调和表情渐转温和，便可以引导对方说出事情内容和对事情的看法了。

先让对方说出事情的内容而不先化解对方的情绪，对方很容易会越说情绪越高，使情况更难处理。

（3）设范

设范是设立正确行为的范畴，让对方明白怎样做才符合他最佳的利益，也就是我们平常所说的应该和不应该怎样做了。

我们可以再用多一句去显示理解对方表现的情绪，然后指出一些对方不适当的行为，再说出不适当的理由；

例如："我明白了，换作是我也会这样不开心，可是，你这么一言不发地走了，其他人无法知道是什么原因,并不知道他们伤害了你,还会认为你没有礼貌呢!"

"噢,我明白了,换作是我也会很生气,可是这并不是你的错,你这样生气就是拿别人的错误来惩罚自己,而对方还很有可能并不知道,也就不会改!"

(4)策划

找出更好的做法。每次人生里的经验都让我们学习一些东西,使我们更有效地建立一个成功快乐的未来。不明白这个道理的人,会抱怨人生不如意事太多,因为问题总是重复地出现。而明白这点的,则不断进步、享受人生、自信十足。

经过上述的肯定、分享和设范三个阶段,现在正是助他掌握这个道理的时候。

对方已经知道了正确行为的范畴,跟着我们可以用说话去帮助他想出其他的处理方法,使得在将来类似情况出现时他能有更好的应对方法。

我们可以说:

"如果重新来过,你能想到其他的处理方法吗?"

"下次同样情况出现,你会怎样做得更好,使到效果更理想?"

"避免同样的不如意情况出现,你可以做些什么预防功夫?"

切记:世间的万事万物其实根本就没有对错、好坏之说,只有对于我们想要达成的目标和结果有没有效果而已。

④ 懂得厘清、区分、发问、迁善

当我们遇到需要解决的事情时,不要盲目着手去做,而是要找到一个处理问题的内在逻辑,当这些小的逻辑点得到解决后,事情也就解决了大半。

(1)厘清

我是谁?我为什么而存在?我要弘扬什么?摒弃什么?

我的站位、定位?

我的思考模式？习惯于怎么想？习惯于怎么决策？

我的行为模式？习惯于怎么说？习惯于怎么做？

事实上，这些问题的核心是要了解解决问题的主体，也就是我们对自己要有一个清晰的认知，知道自己做事的目的、习惯、擅长，以及遇到问题时通常会怎样思考、怎样处理等。只有"知己知彼"才能"百战不殆"，当我们在处理问题的时候，恰好"我"就是"己"，而"问题"就是"彼"。

古有叔牙，因了解自身的能力，而荐管仲为相，最终成就一番霸业；现有马连良清楚自己嗓音沙哑的特点，而创造低回婉转，令人回味悠长的马派唱腔；今有刘翔，知道自己更适合跨栏而放弃跳高，最终才取得了全世界瞩目的成绩……

这些事例中主人公，正是因为认清了自己、了解了自己，真正做到了"知己"，也才明白自己的价值，从而做出正确的选择。

（2）区分

表象&本质，资产&负债，自己的事&别人的事&老天的事，主动&被动，想法（梦想）&目标，向内自省&向外找理由，效率&效能，学历&能力，能力&意愿，说话&沟通，很难&不能，相信&同意，受害者&责任者等。

（3）发问

凭什么获得核心竞争优势？凭什么获得领导地位？凭什么赢得客户（他人）的信赖？这是我所能做的最好的吗？我可以如何做能让结果变得更好？我们是在坚持道理还是在坚持效果？

（4）迁善

养成说正向话的习惯（赞美、欣赏、肯定、鼓励），养成看别人身上优点的习惯（树立标杆），养成积极心态思考的习惯，养成每天进步一点点的习惯，养成聚焦正向价值的习惯，养成协作、付出、奉献的习惯，养成自我负责的习惯，养成勇于担当的习惯，养成信守承诺的习惯，养成坚持到底的习惯，养成绝对成长的习惯，养成不断自省的习惯，养成主动作为的习惯，养成有效沟通的习惯，养成坚决执行的习惯，养成做结果的习惯，养成规划经营的习惯，养成自我教练的习惯，养成头脑风暴的习惯，养成正向回应的习惯，养成问对问题的习惯，养成友爱的习惯，养成相互分享的习惯，养成效能的思考模式和行为模式的习惯。

⑤ 人生的三个死穴

（1）不可能

相信才有可能，不相信已经没有可能了。当你认为不可能的时候，你的大脑已经关闭了，你只会不断地去找寻支撑不可能的理由，而不会去想如何才有可能。

（2）没办法

没有办法，不是一个事实，只是一个观念。只是代表在你现有的认知领域当中，没有办法很好地解决这个问题，达成这个目标，并不代表着真的没有办法，没有路径去实现这个目标。

（3）太难了

难和易都是相对的，所谓会就不难，不会就很难。没有人天生就会什么。会不会是一种能力，而人类几乎所有的能力都是经由后天的学习成长训练实践得来的。

我们都知道西游记的故事，讲述了唐僧往西天取经，经历九九八十一难，最终功德圆满，取得真经。从东土大唐到西天如来那里，整整十万八千里。难吗？当然难，太难了！能实现吗？当然能！因为"难"是在对客观条件分析之后，加在自己心里的感觉。当我们放下"难"字，着手去干就会发现，在做的过程中其实可以学到很多知识，获得很多能力，从而最初的"难"也就慢慢变得没有那么难了。

生命的启迪：

蛹和蝶的对话：蛹看着美丽的蝴蝶在花丛中飞舞，非常羡慕，就问："我能不能像你一样在阳光下自由地飞翔？"

蝴蝶告诉他："第一，你必须渴望飞翔；第二，你必须有脱离安全温暖巢穴的勇气。"

蛹就问蝶："这岂不是就意味着死亡？"

蝶告诉他："从蛹的生命意义上说，你已经死亡了；从蝴蝶的生命意义上说，你获得了新生。"

第 6 章 人生需要活明白

第 6 章 人生需要活明白

人生要想活明白，就要活出无悔、无愧的状态！

所谓无悔就是没有后悔。后悔，就是原本可以做却没去做，原本有能力做得更好，却没有全力以赴用心去做。

曾仕强教授在对易经的解读当中，有关于"悔"字的解读。"悔"——诚心要改过。当你的人生要走到终点的时候，你根本就没有再重新改过的机会，就会留下终生的遗憾。

因此，我们要做到无悔，就要做到后悔在先，而不是后悔在后。提前想好，我这样做，这样选择，会不会产生令我后悔的结果，如果会的话，我现在可以做出什么样的选择去改变，就可以让我不再后悔。

过去的一切已经无法改变。过去是不变的，是无法再改变的，而未来是变化着的。我们只能试着去改变未来。未来是可以改变的。

很多人一生痛苦就是因为拥有强烈的占有欲，认为自己拥有什么，什么是属于自己的，我的车子、我的房子、我的票子、我的孩子、我的爱人等等。而事实上我们不拥有任何东西，我们也不可能占有任何东西，我们只是拥有暂时的使用权。人生最后唯一能带走的就是经历和灵魂。就如同一棵中药材，它来到这个世界上的使命，就是要发挥这棵植物的药性，给人类带来福祉，而我们人其实也是一样的，我们来到这个世界上也不是为了自己绽放，为了自己吃好、穿好、玩好，而是要发挥我们的价值去成就更多的人，去帮助更多的人，给更多的人带来福祉。

所以这一生当中没有辜负自己的命（使命），就可以无悔。

所谓无愧，就是没有愧疚。人生至高的一种追求就是但求心之所安。心中没有愧疚才能心安，心安才能理得。俗语说得好，不做亏心事，不怕鬼敲门。当一个人为人行事秉持正心、正身、正见、正语、正念、正思维、正精进的时候，就更有可能做到内心光明，心底无私天地宽。《大学》第一章就告诫我们说："知止而后有定，定而后能静，静而后能安，安而后能虑，虑而后能得。物有本末，事有终始。知所先后，则近道矣。"知道大小、尊卑，有敬畏心，有感恩心，知道什么可以做？什么不可以做？始终葆有一颗感恩心，利他心，自然心安，自然人生无愧。

总结一下，所谓"无悔"就是对得起自己，所谓"无愧"就是对得起他人。

我们不妨用钟南山院士的话来阐释一下，他在一次演讲时说："现在我的时间不多了，但是我还是要向前走；大家记住这样一个心态，在关键的时刻，在生与死的时刻，在生命的面前，医生的良心是最重要的。"

短短几句话，既表明了自己永不停下向前的脚步以无悔于自己，又道出了生命面前救人为先以无愧于他人。

❶ 没有观世界哪来世界观

所谓的世界观，通俗地讲就是对世界的看法和认知。既然是对世界的看法和认知，如果你没有真正地去跟大自然，跟这个世界接触过，那么你所谓的认知就都是从别人那听来的，就很难形成自己对这个真实世界的认知。认知源自我们能够接触到的人、事、物，以及接触到的这些人、事、物所带给我们的感觉，所以我们要多创造机会走出去，去接触这个世界上的万事万物，开阔自己的视野，增长自己的见识，累积自己的经验，提高自己的认知，我们才能够对这个世界有更加客观的认识，并以此作出积极有效的反应。

我们所能接触到的人事物形成了我们的认知和观念。

这就好比坐井观天，一个人只看到自己周围的事物，而不知道外面的世界。在生活中，这样的例子比比皆是，比如：

一个人一天到晚都闷在家里看电视、玩手机，不出门、不交友，那么他就只能看到自己周围的事物，对社会上的新鲜事物自然也就不了解，那么他对为人处世的哲学就提不出好的观点；

一个人只沉浸在自己的工作，不关心科技进步，不了解当下的热点事件，那么对于社会上的一些矛盾点也就毫无想法；

一个人只看自己的朋友圈，而不真正地接触他人、了解他人的生活，就会以为周围人的生活就是他们朋友圈里的样子；

一个人只看自己国家的新闻，不了解其他国家的情况，不知道整个世界都在发生着巨大的变化，那么他就无法形成更大的认知体系，国际形势对于他就成了盲点；

一个人只关注自己的专业书籍，对于其他领域的知识一无所知，那么他在自己的专业就只能闭门造车，而无法让自己的专业知识更加系统化，也就没有对专业的高瞻远瞩……

所以，只有走出去，去接触、去了解，才能知道哪些存在、哪些不存在，哪些有用、哪些没用，才能客观全面地形成属于我们的世界观。

其实这个世界很多事情不以人们的意志为转移，我们不知道它的存在并不代表着它不存在，我们不知道它在发挥着作用，不代表它不会发挥作用，如果它存在并发挥着作用而我们不知道，我们自然就无法利用好他们。

结论：我们无法从我们不了解的，没有认知到的，不能驾驭的事物中获得好处。

② 不忘初心，方得始终

人活着的目的和意义绝对不是为了简单地吃穿用玩。

我们都曾经梦想着做一件有意义的大事。我们都曾经是冠军，是第1名，我们是在众多的竞争对手当中，那个最健康，最有活力，最有能量的一分子，我们与生俱来具足了成就自我精彩人生所应该具备的一切智慧和能量，我们生而具足自己独有的天赋潜能，我们注定与众不同。因此我们为这个世界所应做出的贡献也一定是独具特色，不可替代的。一个人心中装着多少人的利益，你就能够生发出多少的能量和智慧来成就我们自己。我们只有尽可能地释放出生而具足的这些智慧和能量，造福他人，造福社会，造福人类，才能无愧于我们自己的生命，才能修得正果。

我国著名的壁画修复大师李云鹤以心为笔，化血做墨，六十余载潜心壁画修复工作，直到耄耋之年，依然穿着蓝色的工作服，往复于洞窟之间，尽自己最大的努力修复那些珍贵的壁画。他一生修复的壁画多达4000余平方米，为我国的文化传承作出了不可磨灭的贡献。不仅如此，他还开拓出许多壁画修复技法，为壁画修复工作带来了巨大的方便。在一次采访中，面对这位白发苍苍的老人，记者问是什么让老人家能够几十年如一日地潜心在壁画修复当中。李云鹤微笑着说："就凭着我对文物修复没有二心。"

在墨西哥还有一个很有意思的寓言：一群人在急匆匆地赶路，突然有个人停了下来。其他人不解地问他为什么不走了。这人笑笑说：刚才走得太快，灵魂落在后面了，我要等等它。

虽说是个笑话似的寓言，但我们也不妨看一看自己，当初出发时的灵魂是否还在跟着我们匆忙的脚步，如果没有，我们是否也该停下来等一等呢？

③ 感恩遇见，感恩经历，感恩一切

感激伤害你的人，因为他磨炼了你的心志；感激蔑视你的人，因为他觉醒了你的自尊；感谢欺骗你的人，因为他增长了你的智慧；感激遗弃你的人，因为他教会了你独立。

我们人生中所有经历的人、事、物都不是偶然出现的。出现在你生命里的人，一定跟你有着某种渊源。有的来欣赏你，有的来心疼你，有的来帮助你，有的来利用你，有的来修炼你，有的来教育你，有的来向你索债。但无论如何你都要感激这个人。因为他们最终成全

了你，完善了你，让你学会了感恩，学会了坚强，学会了珍惜，学会了思考，学会了分辨，学会了看淡，学会了要行善积德。

对于那些曾在我们困顿无助时伸出的手，我们自然要铭记在心，哪怕滴水之恩，也当涌泉相报。而同样，对于使我们陷入困顿和无助的人和事，我们也一样要心怀感恩。

垂垂暮年的康熙大帝在回顾他征战四方、呕心沥血治理国家的岁月时，常常心怀感恩地感慨。尤其是在其执政60年之际举办的"千叟宴"上更是庄重地敬了三杯酒。

第一杯敬孝庄，感谢祖母辅佐他登上皇位，一统江山。

第二杯敬众臣和万民，感谢众臣尽忠竭力，万民俯首农桑，盛世太平。

而第三杯酒却敬了敌人。他说："是他们逼着朕建立了丰功伟绩，没有他们，就没有今天的朕，我感谢他们。让他们来世再与我为敌吧！"

我们无须去考究事件或细节的真实与否，但康熙大帝的感慨的确值得我们深思。对手既在警醒我们，也在成就我们。因为人只有在适当的压力下才能促成动力的爆发。

因此请我们敞开怀抱去迎接你所遇到的每一个人、每一件事，并用心品味他所带给你的感觉，并从中有所悟，有所感。

④ 惜福：珍惜所有，活在当下

这个世界上的很多人，要么活在过去的痛苦中，要么活在对未来的恐惧中，反而忘记了要活在当下。事实上未来是由每一个当下所组成的，把握住了每一个当下也就把握住了未来。

很多时候当我们失去的时候才会懂得它的宝贵。当我们失去自由的时候才懂得自由的宝贵，当我们失去健康的时候，明白了健康的重要，当我们失去挚爱之人的时候，明白了亲情的珍贵。

在我的生命中我曾经经历过4次生死，最近的一次是在2014年的时候，之前的三次都有惊无险，可是这一次实实地遭了很多罪，但却让我对生命有了更加深刻的感悟。当我躺在ICU的病房里面苏醒过来之后，开始有了意识，但人却动不了，黎明来临天刚蒙蒙亮，听到窗外的马路上有人在行走，那一刻让我羡慕异常，我就在心里想，如果一个人想去哪儿，就能抬腿朝那儿走，那该是多么美妙的一件事儿啊。

我们一定要学会珍惜和感恩！当我们在抱怨自己的房子不够宽敞的时候，想想这个世界上那些战乱国家的民众，他们已经国破家亡流离失所；当你抱怨父母对你唠叨的时候，想想这个世界上已经有很多人因为无法再找回那种唠叨而成了终身的遗憾；当你抱怨你周遭的人都不尽如人意时，想一想如果有一天这个世界上只剩下你一个人了，那会儿你会多么渴望有人能够出现，不管他是谁！

一位开悟得道的老和尚跟他的徒弟分享，说我在开悟之前呢，上山是为了砍柴，砍柴是为了烧火，烧火是为了做饭，做饭是为了吃饭，而我在开悟之后呢，上山就是上山，砍柴就是砍柴，烧火就是烧火，做饭就是做饭，吃饭就是吃饭！这就是活在当下的境界。

　　珍惜我们现在所拥有的一切吧！珍惜你华夏子孙的身份，珍惜我们繁荣富强的国家，珍惜你的事业平台，珍惜你的合作伙伴，珍惜你的家人朋友，珍惜你的邻居同事，珍惜你现在的健康状况，珍惜你现在能够把握和拥有的一切！惜福！感恩！

⑤ 但行善事，莫问前程

这个世界有一个公理，那就是付出必有回报。只不过有的时候那份回报不是以你期待的时间出现的，甚至不是以你期待的形式出现的，但是请相信付出必有回报。我们每个人都是世界的一面镜子，我们向这个世界投射出什么，这个世界就将会回应给我们什么。

弗莱明是苏格兰一个穷苦的农民。有一天，他救起一个掉到深水沟里的孩子。第二天，弗莱明家门口迎来了一辆豪华的马车，从车上走下一位气质高雅的绅士。

见到弗莱明，绅士说："我是昨天被你救起的孩子的父亲，我今天特地过来向你表示感谢。"弗莱明回答："我不能因救起你的孩子就接受报酬接受感谢。"

正在两人说话之际，弗莱明的儿子从外面回来了。绅士问道："他是你的儿子吗？"农民不无自豪地回答："是。"绅士说："我们订立一个协议，我带走你的儿子，并让他接受最好的教育，假如这个孩子能像你一样真诚，那他将来一定会成为让你自豪的人。"弗莱明答应签下这个协议。数年后，他的儿子从圣玛利亚医学院毕业，发明了抗菌药物盘尼西林，一举成为天下闻名的弗莱明-亚历山大爵士。

有一年，绅士的儿子，也就是被弗莱明从深沟里救起来的那个孩子染上了肺炎，是谁将他从死亡的边缘拉了回来？是发明了盘尼西林的弗莱明-亚历山大爵士。那个气质高雅的人是谁呢？他是二战前英国上议院议员老丘吉尔，绅士的儿子是谁呢？他是英国首相丘吉尔。

通常我们做任何事都会有自己的一个目标，因为只有确定了目标，行动才有方向和力量。但"行好事"却不一样，它的意义就在于目标是模糊的，我们"行好事"并不是以其结果为目的，而是依循我们的本心，做好当下，做好自己，放下对结果的执迷，才是充满智慧的人生哲学，是永恒的做人准则。

《格言联璧》有言："善为至宝，一生用之不尽。"愿我们一生都能修善心，得善缘。

⑥ 致青春：人生无处不青春

在线下的课程中，我无数次跟学员们分享，其实人有两种年龄，一种叫生理年龄，另外一种叫心理年龄，而人其实都活在自己的心理年龄当中。当你认为自己年轻的时候，你真的就会呈现出那种年轻态。所以每个人都可以活出自己不同年龄的青春状态。

因为青春不是年华，是心境；青春不是桃面丹唇，而是涌动的激情，强烈的好奇心、求知欲，丰富的想象，无畏的追求，炽热的情感和旺盛的斗志！

青春之气斗过怯弱，闯过荒唐，掀倒苟安，生生不息。纵使年岁有加，并非垂老；理想丢弃，方堕暮年。

岁月延绵，衰微只及肌肤；热忱丧失，甘于平庸，忧烦、懒惰、抱怨、迷茫、消沉、颓废必致灵肉。

古人江淹年少成名，诗文俱佳。但是晚年却再无佳作，原因不是"江郎才尽"，而是中年以后贪图富贵安逸，以老自居，不思进取。

无论年届花甲，抑或二八芳龄，心中皆有生命之欢愉，探寻之诱惑，孩童般天真恒久不衰。人的心灵应如浩渺瀚海，只有不断接纳经历、阅历、磨砺、感悟和体悟的百川，才能青春永驻、风华长存。

一旦心海枯竭，锐气被冰雪覆盖，玩世不恭、自暴自弃便会油然而生，即使年方二十，实已垂垂老矣；然则只要虚怀若谷，让热情、喜悦、达观、仁爱充盈其间，你就有望无论岁月痴长却仍觉年轻。

青春是胸怀天下，青春是豪情万丈，青春是奋斗不息，青春是百折不挠，青春是百炼成钢。

第 7 章 CHAPTER 7

360度经营自己的人生

活明白 HUO MINGBAI

第7章 360度经营自己的人生

如何平衡工作、事业、家庭、人生？

人一生最后悔5件事：

没有善待自己的身体；

没有好好珍惜自己的伴侣；

对子女教育不当；

在年轻的时候选错了职业；

年轻的时候努力不够，导致一事无成。

所谓后悔，就是原本可以去做，却没有去做，原本可以更努力地去把它做好，却没有全力以赴地去把它做好。

要想不后悔，就要立刻着手去做，全力以赴地去做，无论是规划、设计，还是经营。

《易经》告诉我们，一阴一阳之谓道，阳中有阴，阴中有阳。孤阴不生，孤阳不长。没有任何一个事物是可以独立存在的。单纯追求工作、事业、家庭的成就，都不是和谐圆满的成就。只有兼顾各个方面，做到合理匹配，才能够达到功德圆满。

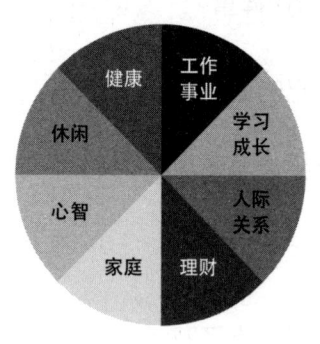

图7-1　人生平衡图

你能成功是因为有绝大多数人希望你成功。

人们希望你成功，是因为人们能够从你的成功当中获得好处。一个人能够取得多大的人生成就，取决于你能够影响多少人，以及多少人愿意被你所影响。而人们为什么愿意被你影响？是因为你的影响能够给他人带来价值和好处。当你能够让更多的人相信，你可以给他们带来价值和好处的时候，更多的人就会希望你成功。当更多的人都希望你成功的时候，你就拥有了成功的环境、土壤和条件，你就真的可以成功了。

企业需要经营，家庭需要经营，朋友关系需要经营，夫妻关系需要经营，亲子关系需要经营，自己也同样需要经营。美好的人生和事业，都是规划设计经营出来的。通过经营让自己成为品牌，变得更专业，更有价值，更受欢迎，更有作为。经营的精要，在于关系的建立和维系。

360度经营，源于我的一个课程叫作360度管理，其中讲到过如何管理自己的下级，如何管理自己的客户，如何管理自己的同事，如何管理自己的领导，以及如何管理自己的家人。领导力的核心就是影响力，一个人能够影响多少人，以及多少人愿意被你所影响，决定着你人生成就的大小，以及你领导能力的大小。而我们都知道在这个世界上，没有人会被自己不信任的人所影响，而信任来自理解，理解来自了解，而了解来自关心、关注。由此我们也就明白了，要想提升一个人的影响力，首先从关心、关注他人开始。

因此所谓的360度经营就是全方位地发挥自己的影响力。

① 经营好事业

首先是正确认识工作的意义。 工作的目的绝不仅仅只是为了简单地赚钱,而是要收获工作中能够带给我们的更深刻的价值。不工作的人往往会出现以下问题。

闲——浪费生命。 无意义的闲,实际上就是空虚。我们必须明白,无论我们做什么都是在拿生命做支付。

懒——忍受平庸。 从根本上讲这个世界不存在懒人,只存在低目标设定的人和痛苦度还不够,不足以改变的人。当一个人追求的目标过低,或者是不需要自己的努力,就可以得到自己想要得到的一切,他自然就会呈现出懒的状态。

不思考——重复犯错。 重复旧的、无效的做法，只能得到无效的结果。要想结果改变，就必须打破现有思维的框框，跳出现有行为的习惯，用不同的想法去想，用不同的说法去说，用不同的做法去做，我们才有可能、有机会得到我们想要得到的更好的结果。

不学习——不成长。 学习的目的是开悟觉醒，明心见性，只有把自己悟到的东西转化为自己的实践，继而总结出可以指导自己行为的一套思考模式，才能让自己不断成长，不断收获。如果不学习就无法开悟觉醒，明心见性，也就是说不可能改变自己的认知，认知不改变，行为就无法改变，行为不改变结果自然也不会得到修正。长此以往人基本上也就废掉了。

不改变——不修正。 改变和突破是一切成长的起点。一个人如果不肯改变自己，不肯迁善，那就注定了，会在错误的泥潭里越陷越深，不能自拔，直至彻底废掉。

你人生经历的那些挑战和问题中，就隐藏着你人生发展轨迹的答案。当你在面对某一些挑战和解决某一类问题的时候，能够让自己感觉到非常有感觉，非常能够胜任，而且从中能够有巨大的成就感，感觉自己非常善于此道，非常爱自己所做的事，那可能就是你的轨迹。"爱"可以帮助你找到自己的轨道。爱就是不给钱也愿意干。爱会让你感觉像在玩。

其次是了解择业的基本原则。

未来我所做的事情，必须是对众生有益，有长远发展潜质的。

未来我所做的事情，必须是我自己感兴趣，我所擅长的。

必须能够让我不断地开阔视野，增长见识。

一定能够在最短时间内获得最大的成长和提高。

收入一定和努力成正比。

有耐心，坚持做10年以上。

我择业的基本原则：

我所做的事情，必须能够最大限度地影响和帮助人。尤其是他们的思想和观念。

必须能够让我周游全国，周游世界。

一定能够在最短时间接触更多的人。

时间可以由我自己掌控。

一定能够让我最大限度地成长。

收入一定和努力成正比。

可以做一辈子。

人在大脑的潜意识当中，留存着很多的人生底片。这些人生底片都是在过往的生命中，我们经历的那些事，以及我们对待这些事的认知、相信程度。要留下清晰的人生底片，就要求我们在经历和处理那件事的时候，有比较客观全面系统公正坚定的认知。

要定期进行盘点和清理，清除大脑中那些负面的垃圾，及时补充所需要的正向资源。

再次是训练提升智商、情商、财商。智商可以让你变得有知识、聪明，情商可以让你变得睿智、有智慧，而财商则会让你实现财富自由。

情商包括五大部分，一是社会交往，人际沟通；二是抗挫折能力；三是情绪管理的能力；四是认识自我，挑战自我，突破自我，超越自我的能力；五是认识他人、悦纳他人以及影响他人的能力。

财商就是对财富的认知以及获取财富的能力和智慧。对待**财富有四重境界**：创富、保富、用富、传富。首先我们要分清资产和负债。所谓资产，就是能够源源不断给你带来正向收入。所谓负债，就是因为需要让你不断往外付出的。

我们常见的五大资产形式：

一是能够自动化运营的，能够不断给你带来正向现金流的企业。

二是不动产，包括房子、商铺、厂房、写字楼、住宅。

三是有价证券。包括股票、基金、债券、保险。

四是专利权、著作权。包括书籍、配方、音视频。

五是可以流通保值升值的物品。包括古玩、字画、黄金等。

最后是学会相处。

(1)与上司相处——服从、信任、解忧、负责、感恩

如何影响自己的上司呢?

服从是第一要义,敬重和维护上司的权威;永远相信上司是对的,绝对信任你上司做出的每一个决定,并且无条件地执行;主动作为,勇于为上司分忧解愁;对上司交办的事情结果负责任,令上司满意;视上司为贵人,永远对上司心存感激。

(2)与同事相处——服务与支持、关注与欣赏、肯定与包容、分享与协作

第一,服务与支持。服务就是要让对方产生满意的感觉,而支持就是要让对方感受到力量,得到协助。在与同事相处的过程中，如果你不希望被排斥，被冷漠，那你自己首先不要这样对待别人。这也是人际交往的黄金法则——己所不欲勿施于人；如果你希望被理解、被支持、被协助、被肯定，那么你就首先要去理解别人，支持别人，协助别人，肯定别人。这就是人际交往的白金法则——己所欲施于人；而人际交往的最高法则，钻石法则就是——以人之所欲施于人。就是用对方喜欢接受的方式，来给予他或满足他正向的需求。

第二，关注与欣赏。**没有人不需要被关怀，没有人会拒绝真诚的赞美和帮助。**同事间要相处好，首先是必须要相互信任。没有人会被自己不信任的人所影响。而信任源自理解，理解源自了解，了解来自关心和关注。你关注他，说明你在乎他，你只有关注他，你才能够更好地去了解他，你只有了解了他，你才更容易去理解他，有了理解彼此就会容易产生信任和合作。而欣赏是更具正能量的一种深层次的关注。欣赏不能带着个人的喜好、标准，而是纯粹用一种赞赏的目光，去肯定对方。

第三，肯定与包容。这个世界上没有两个人是完全一样的。每个人都有自己的世界观，人生观和价值观。我们在肯定自己的世界观、人生观、价值观的同时，也要允许和承认别人对这个世界的认知。只有这样，同事之间才能够产生相互的理解、信任和合作。几乎所有的问题、矛盾、冲突都与无效沟通有关。包容这个词本身就包含着，有可能对方身上某些方面是你不喜欢、不接受、不习惯的，可是如果对方身上的什么你都喜欢，你都接受，你都习惯了，那又何来包容一词呢？但是肯定和包容，却不代表着全盘接受和纵容。而是我暂时接受你现在的样子，但是我可以通过积极正向的影响，让你变得更好。

第四，分享与协作。人要有宽广的胸怀，当自己有了好点子、好方法、好思路、好工具的时候，要懂得分享给其他的同事。价值、成就越分越多，苦难、痛苦越分越少。在任何一个工作场景、环境、条件下，同事之间都会有分工。工作中只有角色的分工，没有主角和配角的差别。正所谓没有小角色，只有差演员。无论你扮演的是什么样的角色，只要你用心专注地把它做好了，那你就是闪耀的焦点，那你就是主角。同事之间只有相互配合协助、相互成就，才能够共同呈现精彩。切忌人捧人高，人踩人低。

（3）与下属相处——期待、激励、教练

第一，期待。你希望下属成为什么样子，就预先将其描述成那个样子，并按照那个样子来看待他，来对待他，来培育他，来训练他，来雕刻他，来塑造他，他未来真的就有机会成为你所期待的样子；你看待、对待下属的方式，决定下属接下来的行为和状态。

第二，激励。如何有效激励下属？尊重、认可、关心、赞美、要求、不抛弃不放弃。尊重下属，认可下属，对下属信任，是对下属最好的激励。关心下属关注下属，这会让下属内心当中充满力量，充满动力。无论什么时候，下属都希望得到上司的赞美、肯定。作为领导者，绝不要吝惜对下属的赞美之词。光有赞美还远远不够，还需要不断地对下属提出更高的要求，因为要求才是真爱，迁就等于放弃。当下属出现情绪困扰，情绪波动的时候，甚至信心暂时受挫的时候，一定要对下属不抛弃不放弃，这会让他们蜕变重生。

第三，教练。优秀的领导者是教练；授之以鱼，不如授之以渔。领导者有个非常重要的责任，就是要不断的致力于激发、引领、支持下属获得成长和提高。不断地给下属创造成长的机会、历练的平台和发展的舞台。

（4）与客户相处——价值导向、换位思考、超出预期

第一，价值导向。始终明晰以帮助客户收获最大满意度为出发点；了解客户的真实需求，运用自己的产品或服务，有效满足客户的需求，帮助客户解决问题，获得最大的利益。

第二，换位思考。站在客户的角度思考问题；客户为什么要找我？客户想通过找我来获得什么价值？客户会比较在乎什么？客户有可能会对什么比较反感？如果我是客户，我会怎么选择？

第三，超出预期。对客户的支持超出客户的预期，给客户带来惊喜，直至感动客户！

基于当下，我能主动选择做些什么，能够给客户带来更大的价值！支持客户实现更好的发展。

② 经营好家庭

（1）与父母相处——孝顺、陪伴、交流、理解、使骄傲

第一，孝顺。给父母财物，只是一种浅层次的孝。有一种不孝叫色难。无论到什么年纪，父母永远都是我们的父母，一定要给我们的父母以愉色。《论语》里，子夏问孝，子曰："色难。""色"指和颜悦色，"色难"的意思就是说，一个人对于自己的父母很难一直保持和颜悦色，不给父母摆脸色。因此，孔子认为能一直对父母和颜悦色是孝的最高境界。

《礼记·祭义》中也有记载："孝子之有深爱者必有和气，有和气者必有愉色，有愉色者必有婉容。"试想，一个人如果连面对自己的父母都不能心平气和，谁会觉得你是个有格局、有心胸、能干大事的人呢？

第二，陪伴。陪伴有表层的陪伴即身体的陪伴，还有一种是深层的陪伴，就是心灵的陪伴。父母越是到晚年，越会感觉到孤单寂寞，所以作为子女一定要让父母感受到你的心一直在陪伴着他们。

刘邦的四子刘恒（即后来的汉文帝）就是一个有名的大孝子。刘恒的孝顺不仅表现在他对母亲的恭敬，更难得的是每日的陪伴照料。

据记载，有一次刘恒的母亲患了重病，虽经医治但还是不见起色，刘恒便日日在母亲的病床前陪伴。难得的是，他母亲一病三年，卧床不起，刘恒三年都不懈怠，只要没有公务，他的时间几乎全部用来陪伴自己的母亲，还亲自为母亲煎药汤，每次煎完，自己总先尝一尝，药汤烫了他便稍事等候再端给母亲，药汤太苦他就稍加蜜糖或想办法逗母亲开心，引导母亲把药喝下。不仅如此，晚上他也总是守候在母亲的床前，总是等到母亲睡了，他才趴在母亲床边睡一会儿。

刘恒日夜陪伴母亲的事，在朝野上下广为流传。人们在称赞他是个仁孝之子之余，还为他编了一首歌谣：仁孝闻天下，巍巍冠百王；母后三载病，汤药必先尝。后来，刘恒病死于长安未央宫，庙号为太宗，谥号为文帝。但后人为了纪念他的仁政和孝道，将其列为二十四孝之第二孝。

现代生活节奏快，每个人都有自己的工作，我们也许很难做到日日陪伴父母，但每逢节假日，凡能陪伴父母身边的时候我们应尽量做到，不能陪伴的日子可以多多电话沟通，也是另一种陪伴。

第三，交流。交流不是简单的对话，不是简单的说话，而是心灵的互动、情感的交融。

与父母交流，要学会以下几点小技巧：

第一要会说话。

所谓会说话就是指要善于在交流中自然地引入一些

父母感兴趣的话题，比如父母之前的职业、年轻时的趣事、取得的荣誉等，或者家里的小孩也通常可以成为父母的兴趣点，待父母有了说话的兴致，再慢慢说出自己的想法。

举个例子，一位老人不服老，天气冷了还不愿穿厚衣服，我们可以说："爸爸，您最近要注意保暖别感冒了，下周我有点事需要您帮我照顾小宝，小宝最喜欢和您在一起了，您要感冒了可没人帮我。"这样一说，老人家多半就会自觉保重身体了。

第二用父母喜欢的方式来沟通。

我们可以根据自己父母的社会地位和经历，寻求他们喜欢的谈话方式。例如：有些父母一生儒雅，那么我们就要学会用谦逊的讲话态度；有些父母年轻时当过兵，我们就可以调皮地说"是，首长"，等等。

第三要掌握好节奏。

现在人们的生活节奏很快，我们也习惯于以较快的语速谈话，或者会一个话题接一个话题地提出。但我们需要注意的是，随着年龄的增大，父母的反应能力会逐渐减弱，加上对现代事物的不甚了解，有可能会跟不上快节奏的谈话。因此与父母交流时需要把握节奏，给他们一定的时间来思考，才能让沟通更加顺畅。

第四要善于倾听。

父母讲话时不要随意打断或插话，要认真倾听、接受、理解、思考父母所讲，才能让他们敞开心扉，愿意与你沟通。除此，由于年龄关系，父母表达的内容有时候可能会含混不清，我们需要对父母所说的重点话语要重点给予确认，以免理解错老人表达的意思。

第五对父母不能像对孩子。

很多人都知道一个词叫"老小孩儿"，是说人上了年纪就会出现"老返小"现象，思维、脾气和行为都会出现退化，变得像孩子一样，喜怒无常、不听劝说、不知冷暖，甚至有些无理取闹。即便是这样，父母毕竟是有着丰富人生阅历的成年人，如果我们总是对他们使用和孩子交谈才使用的那种语言，甚至出现指责、呵斥等，必然会对他们的自尊造成很大伤害，之后就会更加难以沟通。

第四,理解。人老的时候难免有时会说一些糊涂话,甚至做出一些糊涂事。这个时候就请我们想一想,我们小的时候父母是如何对待不懂事的我们的。所谓老小孩,其实人到了老年,也会像小孩一样,我们要像我们小的时候父母对待我们那样,来对待父母。

第五,使骄傲。父母往往希望子女围绕在自己的身边,同时他们更希望自己的子女有自己的事业,能够有出色的成就。这会更让他们感到骄傲和自豪。

电视剧《人世间》中,周秉昆的姐夫冯化成认为孝分为两种:养口体、养心智。他解释说:"伺候在父母身边,照顾衣食住行,是养口体;远走高飞有所成就,让父母以此为荣是养心智。"

这两种孝,同样重要,缺一不可。试想,如果我们一事无成,甚至还需要父母补贴自己,即便整天围绕在父母身边,也不过就是啃老了。这样的"孝顺"和"陪伴"还算得上是真正的"孝顺"和"陪伴"吗?相反,如果我们能够有所成,即便不能时时陪伴左右,每当父母提起我们总是充满自豪和骄傲,这自然会让他们心情愉悦，心情好了，身体自然也好，这当然也是一种"孝"。

孝经中有言，身体发肤，受之父母，不敢毁伤，孝之始也；立身行道扬名于后世，以显父母，孝之终也。珍惜父母先天所赋予我们的具有无限可能的智慧和能量，好好地去发挥他们的作用，取得更大的人生成就，为他人带来更多的福祉。当我们能够做到这一点的时候，就会受到人们的传颂，而我们的父母也会因此而感到无比的尊荣，这就是最大的孝。同时要处理好与爱人家人之间的关系，就要把他们当作是比自己的家人更加亲近的家人来爱戴和关照。在优先顺序上选择把爱人的家人放在首位。

（2）与爱人相处——爱、成就、理解、包容、欣赏、交流、珍惜、感恩

首先要选对人生伴侣。

现在很流行一句话，"父母决定了你人生的起点，而爱人决定了你人生的终点。"因为拥有一段好的婚

姻，是一个家庭兴旺发达的核心，也是一个人后半生不断成长的基础。就连股神巴菲特也曾经说过："我这一生最重要的投资不是购买了哪只股票，而是选择了谁成为我的伴侣。"

可见，一段好的婚姻可以相互成就。

男人是树，女人是藤。最好的状况就是树也成长，藤也成长。两个人才能够齐头并进，举案齐眉。

在选择伴侣时给大家几点建议：

关注一下他的原生家庭、成长环境？

了解一下他对尊长、长辈、老师、朋友的相处之道？

了解他的三观？（创造机会一起出去旅游）

在过往的人生中，他是如何面对顺境和逆境的？

面对突发事件或危险，他是如何应对的？

其次学会相处。

要经营好和谐的夫妻关系，重点需要处理好以下几种关系。首先是夫妻之间要相互欣赏，相互包容，相互成就。然后是处理好与对方父母家人之间的关系。再就是处理好跟孩子之间的关系，特别是在对孩子的态度上，要尽可能达成一致和默契。

温馨提示，水至清则无鱼，夫妻之间应该适当的允许对方有一些自己的隐私。男女双方永远不要放弃成长，要让自己成为一本让对方永远读不完的书。

第一，爱。真正的爱是一种无条件的爱，不需要对方的回报，就愿意为对方做些什么，当然是以对方愿意接受为前提。爱就如他所是，而非如你所想；爱他就成就他；爱她，就让她获得成功、快乐、幸福。

第二，成就。相爱的人走在了一起，共同构成了一个经济命运共同体。所以双方都有责任去成就对方，协助对方，让对方感受到力量，感受到温暖。而不是限制对方，打压对方，占有对方。

我班里有位女同学姓吴，985硕士，会弹钢琴，收入可观，人也漂亮，住着单身公寓，生活过得非常精致。在一次联欢晚会上，小吴被邀请上台弹了一首《梁祝》，光芒四射的她一下子吸引了男士们的目光，小郑更是瞬间就被吸引,并对她展开了猛烈的追求。一年之后,两人步入了婚姻的殿堂。

婚后,两人同在一家外企工作,出双入对,羡煞旁人。但很快,小吴怀孕生子,一个小生命的到来也让两人兴奋了很久。但外企工作压力大,小郑担心孩子没人照顾,便要小吴辞职,做起了全职妈妈。虽然小吴也不太情愿,但禁不住丈夫再三劝说,终于放下了工作,每天两点一线奔波于菜市场和家里。

辞职后的小吴既要照顾孩子又要打理家务,过起了与之前完全不同的生活。她认识的人仅限于同龄孩子的妈妈们,客厅的钢琴始终都在沉睡着,屋里挂满了孩子的尿布,衣服上也时常沾染着奶渍和油渍。最重要的是,与丈夫的谈话范围越来越小,最终只能谈孩子。

而此时,完全没有了后顾之忧的丈夫事业节节高升,看着逐渐变成"黄脸婆"的妻子,最初的喜爱之情已荡然无存,两人开始不断地争吵、冷战……最终走到了离婚的地步。

离婚后,小吴心痛不已,自己怎么活成了这样?

那一夜，小吴辗转反侧，她知道自己需要改变。第二天一早，小吴制定了目标与计划表，买了课程，不断学习，开启了再次成长之路。凭着当初学习的好底子，再加上自己一定要改变的决心，小吴很快找到了新工作，也再度恢复了她往日的光彩。

此时，小郑不免想要破镜重圆。但小吴只是淡淡地说了句："谢谢你让我又重新找回了自我，但我们回不去了。"

两个人的婚姻应该相互成就，不能用一个人的牺牲去换取另一个人的成长。

第三，理解。相爱的人来自两个不同的家庭，各具自己的人生观、价值观和世界观。对不同的事物会有自己的见解、观点和做法。作为爱人，要给予理解和信任。表现为支持对方，欣赏与自己的不同。

第四，包容。如果相爱的人都不能够相互体贴包容，那么日子一定过得很辛苦。多看对方的优点，多聚焦对方的优点，就可以淡化对方的不足。有时候包容别人就是悦纳自己。

第五，欣赏。欣赏不单单指接受你喜欢的，你认可的，还包括欣赏对方身上所固有的，而你过去可能是不接受、不认可的。

第六，交流。交流是爱的融合剂。通过交流，彼此之间可以更加理解，更加支持对方。交流可以消除误解，增进信任。交流，可以达成共识，获得支持。

第七，珍惜。所谓百年修得同船渡，千年修得共枕眠。相爱的人能够走在一起都是莫大的缘分。所以必须要倍加珍惜。两个人走到一起，曾经作出过艰苦而重大的抉择。能够走到一起绝非偶然。一定是内心当中某些深层次的东西吸引着对方，让你们走到了一起。

第八，感恩。没有什么是应该的，对方为你付出的一切都是要感谢、感恩的。不懂感恩的人是不会收获幸福的。

（3）与孩子相处——爱、陪伴、欣赏与相信

父母的身份和定位到底是什么？如果用一句话来概

括，那就是要把孩子教育成为身心健康，能够独立面对自己的生活、面对自己的人生，能够实现自己的人生使命，成为对家庭、对社会有贡献的人。

但孩子会长大，会慢慢有自己的思想、有自己的圈子，父母的话也会慢慢变得不如儿时有分量。在这期间，父母需要牢记的是：要把孩子如实地看成一个独立的人，一个还没有长大，但最终会长大且独立的人。而陪伴、欣赏、相信则是最有力量的教育。

让孩子在爱的滋养中长大

说到爱，每位父母都会说自己毫无疑问是爱孩子的，但只有无条件的爱才是真正的爱，也只有无条件的爱才是孩子成长的最佳养料。所谓无条件的爱就是没有任何要求和前提，仅仅只是因为你是我的孩子，所以我爱你。

其实，在孩子成长的初期，比如在孩子还是个小小婴儿的时候，每个父母都是无条件地爱孩子的。但随着孩子的长大，父母开始了有条件的爱。比如：你听话，妈妈爱你；你不挑食，妈妈爱你；你考一百分，妈妈爱你；你在学校不打架，妈妈爱你；你考上重点学校，妈妈爱你……诸如此类。父母以为这些都是因为爱孩子，但事实上已经给"爱"加上了条件，这不是真的爱。这样的爱会让孩子质疑我们的动机和目的，感受不到力量和温暖，甚至会产生压力和恐惧。

"我家孩子做错事，我从不过于苛责，可他每次犯错了都会满脸惶恐地跑来抱住我，问我还爱不爱他。这是为什么呢？他为什么会那么担心我不爱他呢？可我没有觉得我对他没有什么情绪上的不妥呀。"

这是一位妈妈咨询时说的话，她非常担心儿子没有安全感、不自信。慢慢聊下去才发现，原来这位妈妈在孩子做错事的时候都会加一句"妈妈爱你"，然后会接着说，"但是，你做错了，这样是不对的……"

这位妈妈之所以这样说，她给出的原因是她想给孩子无条件的爱，想让孩子知道，即使孩子做错了事她仍然是爱孩子的，然后才开始批评教育孩子。她很反对有些父母只要孩子一犯错就说"不爱你了"的做法，她认为爱是无条件的，不管孩子做得好还是不好，都不能减少父母对孩子的爱，特别是孩子犯错误的时候更要让孩子知道，即便这样父母还是爱他们的。所以她要反过来说：你做错了，我不说不爱你了，我一定要说我爱你。

这听起来似乎颇有道理，可是为什么她的孩子还是担心妈妈不爱他呢？

我们不妨想象一下，孩子做了错事，心中忐忑，此时妈妈总是特意说一句"妈妈爱你"，但紧接着就是"但是……"在这种情境下，爱与错误是紧密相关的，"妈妈爱你"的分量要远远低于"但是"的内容。这在孩子听来，仍然是有条件的，因为孩子的理解是：妈妈爱我和我做了什么是紧密相连的。

而事实上，也正是如此，尽管这位妈妈嘴里说着"妈妈爱你"，但是她的关注点仍然是"孩子错了"。相比"你做错了，我不爱你了"，这位妈妈只是换了个说法。因此，孩子才会没有安全感，一旦犯错就会担心妈妈不爱他了。事实上，我们并没有必要刻意将"妈妈爱你"这样的话一直挂在嘴边,所谓"无条件"的爱是需要父母从内心深处无条件地接受孩子的一切并加以正确引导。

当然,我们说的"无条件"并不是溺爱,不是让孩子随心所欲,而是有边界、有底线的。《论语》中记载,子曰:爱之,能勿劳乎?忠焉,能勿诲乎?爱他,能不让他努力吗?能不用善言来教诲他吗?所以说,当孩子出现了原则性的问题,比如随便拿别人东西,恶意推搡小朋友等,父母仍然需要第一时间给予纠正和引导。

陪伴是最好的教育

孩子的教育大体可以分为三个部分:家庭教育、学校教育和社会教育,其家庭教育的占比高达60%,家庭教育在孩子的身心健康成长中自然发挥着关键且无法替代的作用。而家庭教育中,"陪伴"更是直接影响到孩子一生的发展轨迹。特别是在孩子的成长早期,高效率的陪伴会使得孩子对家长的依恋感增强,孩子对世界的判断也是由此得来。比如,好的陪伴和亲密感会让孩子感觉到世界是充满爱意的,而缺乏陪伴或者无效陪伴会让孩子感觉世界是冷漠的甚至充满敌意的。

著名思想家梁启超由于不能在儿子身边，于是便用一封封书信，给远隔千里的儿子以陪伴，字里行间既是父亲对孩子们深深的爱与惦念，也有对孩子们的谆谆教导。虽然不在孩子身边，但依然让孩子感觉到了父亲如影随形般的安全感和关注感，也创造了"一门三院士，九子皆龙凤"的传奇佳话。

还有现代儿童作家郑渊洁的父亲也是一个很懂陪伴的人。由于郑渊洁喜欢写作，他的父亲就每天晚上偷偷给儿子灌钢笔水，虽然什么也不说，但是用默默地陪伴给儿子以鼓励，也是郑渊洁独自一人把一本杂志写了几十年的动力……

但是父母需要注意的是，陪伴不是"以爱之名"的捆绑，如果父母将自己的全部精力和注意力都集中在孩子身上，就难免因过于关注而产生焦虑，时时事事都以孩子为中心，甚至于寸步不离、目不转睛，这样的爱，不但无法让孩子感觉到陪伴的快乐，反而会觉得窒息、压抑和束缚。

陪伴的另一个问题是"人在心不在"。很多家长以为坐在孩子身边就是陪伴,比如给孩子拿出一大堆玩具,或者给孩子安排一个小任务,然后自己躺在沙发上玩手机。但事实上这是一种无效陪伴,孩子的真实感觉是——我在自己玩,妈妈(爸爸)在玩手机。

孩子真正需要的陪伴,是父母真真实实地陪自己一起玩游戏、聊天、看书,孩子更在意的是自己有没有被关注,自己的一言一行有没有被及时回应。所以,陪伴不在于时间的长短,而在于是否用心。当孩子向你展示他的成果时,及时给予回应,哪怕一个眼神、一个微笑都可以让孩子开心好久。

孩子的身上有无数闪光点

我们先不谈你是如何对待自己的孩子的,你可以先回忆一下当你还是个孩子的时候,你的父母是否曾当着你的面向外人暴露你的缺点,说你不如某某家的孩子,或者你的父母是否曾经当众夸奖过你,说你真的很棒。那么,你自己对比一下,哪种情况会让你更舒服、更愿意努力做好呢？

所以啊，作为父母，你得懂得欣赏孩子啊！

幼儿园在进行跳圈的户外活动，规则就是孩子们在地上摆好的塑料圈里逐一跳过。但没过一会儿，圈就有点乱了，老师和孩子们一起摆好，并继续游戏。

但很快，老师再次注意到圈的时候，又乱了。同时，老师看见一向胆小的小美正在将地上的塑料圈拿起来，但没有放回原处。于是老师很生气，心想：难怪一直乱糟糟的，原来是他在捣乱，一定要好好教育他，可不能随便破坏游戏规则。但是，当老师走近小美的时候，小美刚好跳到了刚刚摆好的圈中，又将前面远离的塑料圈拿起来、放好、跳过去。一边跳还一边自言自语地说："这样摆，我就不会掉到河里了。"这时老师才发现小美摆放的两个相邻的塑料圈之间很近，而原来两个圈之间的空隙是非常大的。但是，由于小美个子比其他同学小，所以在运动能力方面比其他孩子弱一点，只有更改两个圈之间的距离才能让她顺利跳过这些圈。

想到了这一点，老师心里的怒气消失了，而且对小美还赞扬了一番,说小美很善于思考,能够想到适合自己的办法。

经过老师的表扬,小美开心地笑了,也更愿意动脑筋解决问题了,人也变得自信开朗了许多。

我们都知道大诗人陆游写过一首感动中华上千年的《示儿》,苍凉悲壮。然而,如果你读陆游的诗多了,就会发现陆游十分重视家教,其中有好几篇都是以《示儿》为题目的。在另外一首《示儿》之中,陆游写道:

舍东已种百本桑,舍西仍筑百步塘。早茶采尽晚茶出,小麦方秀大麦黄。老夫一饱手扪腹,不复举首号苍苍。读书习气扫未尽,灯前简牍纷朱黄。吾儿从旁论治乱,每使老子喜欲狂。不须饮酒径自醉,取书相和声琅琅。人生百病有已时,独有书癖不可医。愿儿力耕足衣食,读书万卷真何益。

这首诗看似在给儿子讲读书的道理,但字里行间却充满了对儿子的赞美。在幼儿教育界有一句很流行的话——每个孩子都是一颗闪亮的星。有些时候,孩子的闪光点需要我们用心去发现，而不是只看到表面所带来的问题。一旦父母学会了用欣赏的眼光看待孩子，那么他们身上的闪光点就会一个一个迸发出来，孩子也自然会越来越自信和优秀。

相信，是最大的力量

在大多数父母的潜意识里，孩子永远是弱者，他们很难做好一些看似稀松平常的事情，父母们要么担心孩子把事情搞砸，要么担心孩子受到伤害，要么觉得孩子做的事情毫无意义。因此，当孩子想要做点什么时，父母总是冲在前面，以至于孩子感觉自己"很完蛋"。但如果，父母能够相信孩子，他们往往会表现得比我们想象得更好。

苏联伟大的教育家马卡连柯就十分注意"相信孩子"具有强大的改变孩子的力量。

马卡连柯有一个曾经偷过别人东西的学生，由于曾经犯过的错误，他几乎没有朋友，也没有人愿意相信他是个好人。有一次，马卡连柯特意当众宣布，让这名学生帮他去远处取一笔钱。

所有人都很诧异，这位学生更加怀疑自己的耳朵，他忍不住问马卡连柯："校长，您难道不怕我取了钱不回来吗？"马卡连柯平静地回答："怎么会呢？你是一个诚实的孩子呀。"

当这位学生把钱交给马卡连柯的时候，对马卡连柯说："您再数一遍吧。"谁知马卡连柯却说："你数过就行了。"随手把钱扔进了抽屉。

此后，这位学生再没出现过拿别人东西的情况。后来，他聊到此事时说："当我揣着钱往回走时，心里一直在想：现在就算有十条恶狗来抢我的钱，我都不能让它少一分，我就是拼死也要护住校长的信任。"

马卡连柯深知相信的力量，他相信这个孩子的内心是诚实的，孩子果然也走向了他相信的方向。

的确，相信比自己能力弱的人很难，唯有大智慧的人才可以。圣人之所以为圣，愚人之所以为愚。就在这里！圣人会相信，因为他们懂得，证得，通过体验可以得到；愚人不相信，因为他们自我限制太深。

《了凡四训》中说：唯有深信的人，唯有切实实践的人，才会深深地受益。父母也是一样，你对孩子相信，放手让他做，他就能展现出自己最大的能力从而利于把事情做好。

这就是相信的力量。

③ 经营好社会关系

《老子》一书中写道：

天之道，其犹张弓与？高者抑之，下者举之；有余者损之，不足者补之。

意思是说，天之道是将有余的一方减少下来，补给不足的一方，这是平衡，这是天之道，是天地和谐运行的规则。同样的道理，在我们与社会的关系中，也一样遵循某种"道"，或者说某种规则。

（1）与朋友相处——真诚、包容、理解、欣赏、信赖、愉悦

第一，真诚。朋友相交，贵在真诚。真表现为真心、真挚、有情感。诚表现为诚心、诚恳、坦诚。真诚可以消除彼此间的戒心和防范，更容易产生信任和合作。真诚就是以心换心，坦诚无欺。

曾巩和王安石同为唐宋八大家，两人也是非常要好的朋友。曾巩为人正直宽厚，襟怀坦荡，对朋友一贯直来直去，坦诚相待。

有一次神宗皇帝召见曾巩，并问他王安石究竟是个什么样的人。曾巩非常客观且直率地说："王安石的才华和能力都可与汉代著名文学家扬雄一较高下；但他为人过'吝'，终比不上杨雄。"

宋神宗惊异道："你与王安石相交数年，竟然这样贬损他吗？据我所知，王安石为人纯朴，不慕富贵，你怎么说他'吝'呢？"

曾巩回答说："我们虽是朋友，但朋友是朋友，毛病是毛病。我所说的'吝'乃是指他不善受人的意见，'吝'于改正错误，并不是说他贪财啊！"

事后，曾巩也坦诚向王安石告知此事，可谓胸怀坦荡，以诚相见的典范了。

第二，包容。朋友相交，贵在取长补短。学习别人的长处，弥补自己的不足，同时也可以从对方的不足来看到自己的不足，从而加以规避。没有人是十全十美的，包容别人也是接纳自己。要允许别人犯错误，人非圣贤孰能无过？

第三，理解。不要用回报心来要求对方。对方的处事风格，做事习惯与自己不同，是可以理解的，要尊重不同。即使有时可能让自己不悦，也会谅解，通过了解，彼此适应也可以发展出良好的关系。当我们能够换位思考，真正站在对方的角度上的时候就更容易理解。

第四，欣赏。只有能看到别人身上的优点，才可以让自己获得提升，如果经常是看到别人身上的缺点，那么自己也很难获得提升。自己不喜欢、不接受的，往往也可能是自己最欠缺的。但是切记，欣赏并不代表盲从。

第五，信赖。可以托付，可以互诉衷肠。当自己遇到困难需要支持，当自己遇到委屈需要倾诉，当自己感到孤单需要陪伴的时候。能够被想到的人，说明你们已经建立起了信赖的关系。

宋朝王谠的《唐语林》中记载了一个故事：有个叫崔枢的人去汴梁考进士，住在客栈期间与南方一个商人相识，相处几个月后，两人成了好朋友。

不幸的是，随后这位商人身染重疾，眼看命不久矣。他对崔枢说："我的病恐怕是治不好了，即便我现在启程，怕也回不到家了。按我们家乡的习俗，人死了总要入土为安，我也不想暴尸荒野，眼下就只能拜托你帮我这个忙了。"崔枢一口应承下来。

商人又说："安葬我恐怕也要费些银两，我这里有一颗家传的宝珠，价值万贯，得之能蹈火赴水，愿奉送给你，作为酬谢。"崔枢担心如果不收宝珠商人会觉得不安心，于是没有推辞就收下了。但他内心很清楚，真的收下实为不妥，只是帮朋友一个忙怎么能够接受这么贵重的礼物呢？商人死后，崔枢在埋葬他时便把宝珠也一同放入商人的棺材，葬进坟墓中去了。

一年后，商人的妻子从南方千里迢迢来寻找亡夫，并追查宝珠的下落。官府派人找到了崔枢。崔枢说："如果墓没有被盗的话，宝珠就在棺材里。"于是，棺木打开，宝珠果然还在棺材里。

一个愿意托付，一个不负托付，这就是真正的朋友吧。

第六，愉悦。人永远是追求快乐而逃离痛苦，如果你跟某个人在一起总是会感觉到愉悦，那说明你们已经建立起了愉悦的关系。

（2）与邻里相处——远亲不如近邻。主动、友善、谦让、帮助

第一，主动。现代人往往被由钢筋混凝土构筑的牢笼，彼此分割了开来。我们需要主动打破人与人之间的陌生与界限，主动去交往，主动去往来，自然会建立起良好的邻里关系。

第二，友善。友好、善良，会让你获得良好的邻里关系。良好的邻里关系，不仅可以让我们有融洽的环境氛围，而且也可以相互照应。正所谓远亲不如近邻。

第三，谦让。邻里之间难免会有一些交集和矛盾，这个时候需要我们相互谦让，相互包容，不能用自己的标准来衡量别人。有的时候吃点亏其实无足轻重。而从长远看，有的时候吃亏实际上有可能是占便宜。

我们都听说过"让他三尺又何妨"的典故，这个典故出自《诫子弟》，后被写成民间传说故事《六尺巷传说》。据记载，康熙时期文华殿大学士兼礼部尚书张英在京为官，张英的母亲及其他家人都在安徽桐城老家生活。张家老宅与当地富绅吴家一墙之隔，墙南张家，墙北吴家。

有一年，吴家想翻盖新房子，说一墙之隔的"墙"是他家的，而张家认为这墙是他家的，为此争执不下。吴家自认有钱可以解决一切，张家认为自家官大一级，最终两家就把官司打到了县衙。

县令处事圆滑，哪边都不想得罪，毕竟吴家是当地的名门望族，但偏偏张家有个儿子在京城当宰相，他哪边都得罪不起啊。于是,县令就从中调解,想让双方都各自退让一步,但两家仍旧互不相让。

张家人为了能够争得"一墙",飞书京城,而张英回馈给老家人的是一首诗:"一纸书来只为墙,让他三尺又何妨。长城万里今犹在,不见当年秦始皇。"

家人见书,明白了张英的用意,也为他的大度和谦让所感动,于是主动在争执线上退让了三尺,下垒建墙,吴家见此深受感动,也同样退地三尺,建宅置院,六尺之巷因此而成。

这个故事说明了邻里之间如何相处的问题。有了争执,友好协商、互相谦让,这才是睦邻友好,和谐相处的典范。

第四,帮助。当邻里有困难的时候,要主动地伸出援手,给予帮助,会让邻里关系更加的和睦。

(3)与陌生人相处——友善、谦和、包容、坦诚

第一,友善。所有的熟人都是从陌生人开始的。陌

生人中包含着无限的资源和可能性。友好，诚信，善良，会让你很容易把陌生人变成熟人甚至朋友。

第二，谦和。狂傲不羁，骄傲自大，是你与陌生人结识交往的最大的障碍。而谦虚和善，则是你打开与陌生人交往的最佳路径。这种谦和也常常会带给我们意想不到的收获。

《史记·留侯世家》中记载了一个张良拾履的故事。

良尝间从容步游下邳圯上，有一老父，衣褐，至良所，直堕其履圯下，顾谓良曰："孺子，下取履！"良愕然，欲殴之。为其老，强忍，下取履。父曰："履我！"良业为取履，因长跪履之。父以足受，笑而去。良殊大惊，随目之。父去里所，复还，曰："孺子可教矣。後五日平明，与我会此。"良因怪之，跪曰："诺。"五日平明，良往。父已先在，怒曰："与老人期，後，何也？"去，曰："後五日早会。"五日鸡鸣，良往。父又先在，复怒曰："後，何也？"去，曰："後五日复早来。"五日，良夜未半往。有顷，父亦来，喜曰："当如是。"出一编书，曰："读此则为王者师矣。後十年兴。十三年孺子见我济北，穀城山下黄石即我矣。"遂去，无他言，不复见。旦日视其书，乃太公兵法也。良因异之，常习诵读之。

张良也因为得了老者的兵书，熟读于心，最终帮助刘邦定了天下。这不正是对陌生人谦和友善的最好例证吗？

第三，包容。陌生人之间彼此不熟悉，相互有戒备心理，或者是相互之间的误解都是难免的，需要我们包容沟通，自然就会消除障碍。

第四，坦诚。陌生人之间的交往贵在坦诚。做事坦荡，真诚，诚恳，自然就会赢得别人的认可。

④ 经营好自己

我们人生中所遇到的困难，挑战和挫折，这是上天特意为我们准备来成就我们的。上天想通过这些困难挑战和挫折，让我们感受到些什么，让我们从中悟到些什么，让我们从中学习到些什么，让我们从中提升些什么。继而让我们可以成就些什么？

或许经历过种种之后，我们最终学会的就是与自己相处。

公元1085年，黄庭坚被任命为《神宗实录》检讨官,负责前朝编年的大事记,编写中他大胆陈词、力陈弊端,其无畏权贵的气势,赢得了皇帝宋哲宗的信赖。

然而两袖清风、一身傲骨的黄庭坚却怎么也想不到,即便自己严守本心,终究也敌不过党派之争和无端的猜疑。没多久,章惇、蔡卞等人便以信息不实问罪黄庭坚。

公元1094年,黄庭坚最终在奸人的陷害下,被贬于山势峻险、人迹罕至的涪州。黄庭坚为此郁结万分,一度十分消沉。但最终黄庭坚还是学会了与自己和解,逐渐从"拂我眉头,无处重寻庾信愁"到"斑鸠鸣叫,乳燕飞舞",慢慢从被贬谪的痛苦中解脱了出来,再度拥有了豁达的心态,自己也变得更加洒脱。

身处逆境之中的黄庭坚机缘巧合下与禅结缘,他从此喜欢上了研习经文、悟道佛性、苦读《大藏经三年》。面对命运的波折、宦海的沉浮,禅意已经内化为黄庭坚安身立命之支柱,不仅帮他化解了一个又一个人生险境,也让他学会了与自己相处。

学会与自己相处就是要跳出原有的自我,让另一个自我来疗愈现有的自我，过程就是悦纳、爱、允许、内观、禅定、沟通。

第一，悦纳。悦纳就是快乐接受，全然接纳自己。相信天生我材必有用。自己所经历和遭受的一切，都是上天特意为我安排来成就我自己的。

第二，爱。爱不仅指表面意义上对自己的爱，更包含深层次对自己的爱。爱自己，就要珍惜自己与生俱来所被赋予的所有的智慧和能量。就要不断对自己的大脑进行升级、呵护和调试。

第三，允许。允许自己暂时在某些方面做得还不尽如人意。同时相信自己，经过自己不断的成长和努力，一定可以把事情做得更好。

第四，内观。凡事向内求。内心丰盛，外在才会富足。见贤思齐，见不贤自省也。我是一切的根源。

我们大多数没有开悟觉醒明心见性的人，会对当下所呈现出来的这个果（人生不如意，事业不够大，地位不够高，财富不够多，家庭不够幸福，孩子不够出息，夫妻不够和谐，客户不够忠诚，朋友不够坦诚等）而感到郁闷、纠结、痛苦。但是菩萨也就是开悟觉醒的人，不会为当前所呈现的这个果而感到郁闷、纠结、痛苦，因为他们明白，既然已经呈现出来的果已经呈现了，再怎么样郁闷、纠结、痛苦都于事无补，但他们会警惕当下我又为未来种下了什么因，因为他们明白，所谓今日之果源于昨日之因，今天所呈现出来的这一切，都是过去我们的选择和努力的结果，既然当下的这个果不是我们想要的，那我们就要回头去思考一下，我们曾经是怎么做的，要想得到我们想要的果，就看看当下谁取得了这个果，也去了解一下他当初种了什么因，如何才得到的这个果，既然我们也想得到这个果，就按照他当初种下的那个因，不断地辛勤付出，相信未来我们也会得到类似的果。

第五，禅定。定而后能静，静而后能安，安而后能虑，虑而后能得。物有本末，事有终始，知所先后，则尽道矣。去除外在的浮躁，向自己的内心深处去深思。追根溯源，由内而外生发出属于自己的智慧。

第六，沟通。跟自己的高我进行沟通，跟自己的潜意识进行沟通，不断地给自己的潜意识输入积极正向的信念和暗示。向宇宙发出正能量波,向宇宙发出邀请。

每个人都希望活得幸福、美满,而幸福美满的秘密又是什么呢?

人生幸福美满的秘密就是两个字"和谐"!

什么是和谐?和谐也可以用另外一个词来替代,这个词就是"中和"。

《中庸》第一章就有讲道,"喜怒哀乐之未发,谓之中;发而皆中节,谓之和。中也者,天下之大本也;和也者,天下之达道也。致中和,天地位焉,万物育焉。"

达到中和的状态,天地间万事万物,各归其位,各司其职,各享其乐,万事万物和谐相处。由此我们可以了解,人生要想幸福美满,就必须致力于追求达到一种和谐的状态。

后记

人生就是一个不断探寻、修悟的过程

《西游记》中所隐喻的人生滋味,非常耐人寻味。孙悟空一个筋斗十万八千里,却逃不出如来的手掌心,这是人外有人天外有天的现实,也是人生中那些逃不开的宿命。七十二变是一种本事,而人活在世间也不得不有各种身份和面孔。老君炼丹炉里烧了七七四十九天,才烧出了火眼金睛,人的世事洞明,也从来离不开时间的锻造锤炼。真假美猴王最耐人寻味——人最难战胜的就是自己,最该用心的也是自己……懂了这些,心中的不甘就可以少一些,心底的清明就可以多一些。

孙猴子脑袋上有一只金箍,那是他虚妄之心的隐喻，正是因为不能自我收敛，才惹得这外来的约束。我们每个人其实也都有，同样是心中的执念和涌动的欲望。正是这些无益的东西困住了我们，只有除去了才能得自在。欲望因执念而生，执念因欲望而固。有人看到了，所以求觉醒；有人看不到，于是执迷不悟。

有眼界才有境界，有实力才有魅力，有思路才有出路，有作为才有地位。政从正来，智从知来，财从才来，位从为来！

活明白，不代表没烦恼。烦恼也是构成人生的重要组成部分。活明白，面对烦恼，不代表不能有情绪。丰富的情绪感受，会让我们对人生有更深切的体悟。活明白的人，可以正确面对烦恼，能够正确认识情绪，懂得调节、转化、运用情绪，使之成为成就生命的一种能量。烦恼和情绪都是一种反馈。告知我们的生命，我们在应对和处理某些状况的时候，还需要提升我们的能力和能量。对待烦恼，坦然接受，积极面对，就可以让我们从中收获到一份价值和成长，获得美好的人生体验和收获。

活明白，就是活出真实的自我、清晰的自我、觉知觉悟的自我、明心见性的自我。最大限度释放自己生而具足的智慧和能量。点亮心灯，精彩世界。

当我们清晰了自己的使命，明晰了自己的人生目标，我们就开始了一场人生的过关游戏，至于要过多少关，怎么过关？没有人能告诉我们。这恰恰是最有意思的部分。每个人要过的关还都不尽相同，没有人可以替代你！这也是上天所给予我们的最大福利！

人生最终用一句话高度概括，就是好好活着，活明白了，然后转身支持更多的人，活明白了！